ÁLGEBRA PARA A FORMAÇÃO DO PROFESSOR

EXPLORANDO OS CONCEITOS DE EQUAÇÃO E DE FUNÇÃO

COLEÇÃO TENDÊNCIAS EM EDUCAÇÃO MATEMÁTICA

ÁLGEBRA PARA A FORMAÇÃO DO PROFESSOR

EXPLORANDO OS CONCEITOS DE EQUAÇÃO E DE FUNÇÃO

Alessandro Jacques Ribeiro
Helena Noronha Cury

2ª edição
1ª reimpressão

autêntica

Copyright © 2015 Alessandro Jacques Ribeiro e Helena Noronha Cury
Copyright © 2015 Autêntica Editora

Todos os direitos reservados pela Autêntica Editora Ltda. Nenhuma parte desta publicação poderá ser reproduzida, seja por meios mecânicos, eletrônicos, seja via cópia xerográfica, sem a autorização prévia da Editora.

COORDENADOR DA COLEÇÃO TENDÊNCIAS EM EDUCAÇÃO MATEMÁTICA
Marcelo de Carvalho Borba
(Pós-Graduação em Educação Matemática/Unesp, Brasil)
gpimem@rc.unesp.br

CONSELHO EDITORIAL
Airton Carrião (COLTEC/UFMG, Brasil), Hélia Jacinto (Instituto de Educação/Universidade de Lisboa, Portugal), Jhony Alexander Villa-Ochoa (Faculdade de Educação/Universidade de Antioquia, Colômbia), Maria da Conceição Fonseca (Faculdade de Educação/UFMG, Brasil), Ricardo Scucuglia da Silva (Pós-Graduação em Educação Matemática/Unesp, Brasil)

EDITORAS RESPONSÁVEIS
Rejane Dias
Cecília Martins

REVISÃO
Priscila Justino

CAPA
Diogo Droschi

DIAGRAMAÇÃO
Camila Sthefane Guimarães

Dados Internacionais de Catalogação na Publicação (CIP)
(Câmara Brasileira do Livro, SP, Brasil)

Ribeiro, Alessandro Jacques

Álgebra para a formação do professor : explorando os conceitos de equação e de função / Alessandro Jacques Ribeiro, Helena Noronha Cury. -- 2. ed.; 1 reimp. -- Belo Horizonte : Autêntica, 2023. -- (Coleção Tendências em Educação Matemática)

Bibliografia
ISBN: 978-85-513-0740-3

1. Álgebra 2. Equações 3. Funções 4. Matemática - Estudo e ensino 5. Matemática - Formação de professores I. Cury, Helena Noronha. II. Borba, Marcelo de Carvalho. III. Título IV. Série.

19-31555   CDD-370.71

Índices para catálogo sistemático:
1. Álgebra : Professores de matemática : Formação profissional : Educação 370.71
Maria Alice Ferreira - Bibliotecária - CRB-8/7964

Belo Horizonte
Rua Carlos Turner, 420
Silveira . 31140-520
Belo Horizonte . MG
Tel.: (55 31) 3465 4500

São Paulo
Av. Paulista, 2.073 . Conjunto Nacional
Horsa I . Sala 309 . Bela Vista
01311-940 . São Paulo . SP
Tel.: (55 11) 3034 4468

www.grupoautentica.com.br
SAC: atendimentoleitor@grupoautentica.com.br

Nota do coordenador

A produção em Educação Matemática cresceu consideravelmente nas últimas duas décadas. Foram teses, dissertações, artigos e livros publicados. Esta coleção surgiu em 2001 com a proposta de apresentar, em cada livro, uma síntese de partes desse imenso trabalho feito por pesquisadores e professores. Ao apresentar uma tendência, pensa-se em um conjunto de reflexões sobre um dado problema. Tendência não é moda, e sim resposta a um dado problema. Esta coleção está em constante desenvolvimento, da mesma forma que a sociedade em geral, e a, escola em particular, também está. São dezenas de títulos voltados para o estudante de graduação, especialização, mestrado e doutorado acadêmico e profissional, que podem ser encontrados em diversas bibliotecas.

A coleção Tendências em Educação Matemática é voltada para futuros professores e para profissionais da área que buscam, de diversas formas, refletir sobre essa modalidade denominada Educação Matemática, a qual está embasada no princípio de que todos podem produzir Matemática nas suas diferentes expressões. A coleção busca também apresentar tópicos em Matemática que tiveram desenvolvimentos substanciais nas últimas décadas e que podem se transformar em novas tendências curriculares dos ensinos fundamental, médio e superior. Esta coleção é escrita por pesquisadores em Educação Matemática e em outras áreas da Matemática, com larga experiência docente, que pretendem estreitar as interações entre a Universidade

– que produz pesquisa – e os diversos cenários em que se realiza essa educação. Em alguns livros, professores da educação básica se tornaram também autores. Cada livro indica uma extensa bibliografia na qual o leitor poderá buscar um aprofundamento em certas tendências em Educação Matemática.

Neste livro, Alessandro Jacques Ribeiro e Helena Noronha Cury apresentam uma visão geral sobre os conceitos de equação e de função, explorando o tópico com vistas à formação do professor de Matemática. Os autores trazem aspectos históricos da constituição desses conceitos ao longo da História da Matemática e discutem os diferentes significados que até hoje perpassam as produções sobre esses tópicos. Com vistas à formação inicial ou continuada de professores de Matemática, Alessandro e Helena enfocam, ainda, alguns documentos oficiais que abordam o ensino de equações e de funções, bem como exemplos de problemas encontrados em livros didáticos. Também apresentam sugestões de atividades para a sala de aula de Matemática, abordando os conceitos de equação e de função, com o propósito de oferecer aos colegas, professores de Matemática de qualquer nível de ensino, possibilidades de refletir sobre os pressupostos teóricos que embasam o texto e produzir novas ações que contribuam para uma melhor compreensão desses conceitos, fundamentais para toda a aprendizagem matemática.

Marcelo de Carvalho Borba*

---

* Marcelo de Carvalho Borba é licenciado em Matemática pela UFRJ, mestre em Educação Matemática pela Unesp (Rio Claro, SP) doutor, nessa mesma área pela Cornell University (Estados Unidos) e livre-docente pela Unesp. Atualmente, é professor do Programa de Pós-Graduação em Educação Matemática da Unesp (PPGEM), coordenador do Grupo de Pesquisa em Informática, Outras Mídias e Educação Matemática (GPIMEM) e desenvolve pesquisas em Educação Matemática, metodologia de pesquisa qualitativa e tecnologias de informação e comunicação. Já ministrou palestras em 15 países, tendo publicado diversos artigos e participado da comissão editorial de vários periódicos no Brasil e no exterior. É editor associado do ZDM (Berlim, Alemanha) e pesquisador 1A do CNPq, além de coordenador da Área de Ensino da CAPES (2018-2022).

Sumário

Introdução 9

Capítulo I
A Álgebra, seu ensino e sua aprendizagem 11
A Álgebra e o pensamento algébrico 11
Um panorama de pesquisas relacionadas
ao ensino e à aprendizagem de Álgebra 17
Os significados dos conceitos de equação e de função 20

Capítulo II
Epistemologia dos conceitos de equação e de função 29
O conceito de equação ao longo da história da Matemática 29
O conceito de função ao longo da história da Matemática 41
Uma síntese do desenvolvimento
dos conceitos de equação e de função 45

Capítulo III
Os documentos, os exames e as produções
que abordam o ensino de equações e de funções 49

Capítulo IV
Dificuldades encontradas na aprendizagem
de equações e funções: alguns exemplos 71

Capítulo V
Atividades sugeridas para o trabalho
com equações e funções 83

Considerações finais 99

Referências 105

Introdução

A Álgebra, um dos pilares da Matemática, é um campo de estudos e pesquisas relacionadas aos conteúdos matemáticos propriamente ditos ou a seu ensino e aprendizagem. A importância desse ramo da Matemática pode ser medida pela quantidade de trabalhos sobre ela desenvolvidos, pela abrangência de seus conteúdos em livros-texto de qualquer nível de ensino ou pelas dificuldades em seu ensino e aprendizagem.

Envolvidos com conceitos de Álgebra durante nossa formação, trabalhando tais conceitos em nossas salas de aula, desenvolvendo e orientando pesquisas sobre seu ensino e aprendizagem, consideramos que é chegado o momento de partilharmos nossos estudos, em especial sobre dois tópicos que têm sido abordados com frequência em nossa produção, a saber, equações e funções.

Neste livro, no Capítulo I, trazemos algumas considerações sobre a Álgebra e seu ensino, bem como um panorama de pesquisas relacionadas ao tema e uma visão dos perfis conceituais de equação e de função.

No Capítulo II, trazemos uma breve revisão da história do desenvolvimento dos conceitos de equação e de função, para fornecer uma base para discussões posteriores. Já no Capítulo III, buscamos documentos oficiais e avaliações de larga escala que enfocam questões sobre esses conceitos.

No Capítulo IV, apresentamos alguns trabalhos que tratam de dificuldades encontradas na aprendizagem de equações e funções.

Para finalizar, no Capítulo V, trazemos algumas sugestões sobre o desenvolvimento desses conceitos para a sala de aula da educação básica, apoiadas nas teorizações inicialmente apresentadas.

Esperamos que este livro possa contribuir para que repensemos nossas práticas de sala de aula e de pesquisa, com foco em um ensino e uma aprendizagem que estejam fundamentados na construção de significados, rompendo com a mecanização e com a simples reprodução de procedimentos e técnicas.

Capítulo I

A Álgebra, seu ensino
e sua aprendizagem

A Álgebra é um ramo da Matemática que, conforme mostramos no próximo capítulo, é objeto de pesquisa desde que a humanidade se debruçou sobre a realidade para construir seu conhecimento, chegando às abstrações que permitem novas visões sobre cada conceito criado. Assim, deveria ser explorada desde os anos iniciais do ensino, pois dela faz parte um conjunto de processos e pensamentos que têm origem em experiências com números, padrões, entes geométricos e análise de dados. Neste livro, nosso objetivo não é retomar essa construção teórica já estabelecida, pois nosso olhar está direcionado ao ensino e à aprendizagem de conceitos de Álgebra, em especial os de equação e de função.

Consideramos que a Álgebra, trabalhada desde os anos iniciais do Ensino Fundamental, pode ser o fio condutor do currículo escolar e o desenvolvimento do pensamento algébrico pode permitir que sejam realizadas abstrações e generalizações que estão na base dos processos de modelagem matemática da vida real. Neste capítulo, trazemos algumas ideias sobre a Álgebra, seu ensino e sua aprendizagem.

A Álgebra e o pensamento algébrico

Ao mencionar a Álgebra, primeiramente é necessário esclarecer como é entendido esse ramo da Matemática. Mesmo que pareça consensual, nem sempre há uma "definição" de Álgebra que seja aceita por todos os matemáticos ou educadores matemáticos. Kaput (1995), por exemplo, considera que "não há só uma Álgebra, já que se pode pensar nela como um conjunto de conteúdos e métodos culturalmente compartilhados, tais como [...] frações, polinômios, fatoração, teoria dos anéis, álgebra linear, etc." (p. 6) ou como formas de pensamento, tais como a generalização, a abstração a justificação, entre outras. O mesmo autor aponta, posteriormente, como entende o ensino de Álgebra:

> Os atos de generalização e formalização gradual da generalidade construída devem preceder o trabalho com formalismos – do contrário os formalismos não têm origem na experiência do estudante. A total falência atual da álgebra escolar tem mostrado a inadequação das tentativas de vincular os formalismos à experiência do aluno, depois que eles foram introduzidos. Parece que "uma vez sem significado, sempre sem significado" (KAPUT, 1995, p. 6-7).

Em artigo mais recente, Kaput (2008) sintetiza suas ideias, afirmando que a Álgebra é um artefato cultural e que pensar algebricamente é uma atividade humana.

Kirshner (2001, p. 84) é outro educador matemático que trata desse assunto, ao considerar que há duas abordagens para a Álgebra elementar: uma primeira, estrutural, a qual "constrói significados internamente, a partir de conexões geradas no interior de um sistema sintaticamente construído" e outra, referencial, que "traz os significados para o sistema simbólico a partir de domínios externos de referência". No entanto, o próprio autor, não satisfeito com esse aspecto dicotômico da Álgebra, propugna a criação de um currículo que busque significados nessas duas abordagens e conclui que "a competência em habilidades algébricas não é uma questão de conhecer as regras, tanto quanto de coordenar sugestões perceptuais baseadas em padrões" (KIRSHNER, 2001, p. 94).

Carolyn Kieran é uma das mais citadas pesquisadoras na área do ensino e da aprendizagem de Álgebra. Dela é uma proposta de classificar as atividades algébricas em três tipos: geracional, transformacional e global. No primeiro tipo, estão inseridas as atividades que envolvem a formação de expressões e equações estudadas em Álgebra, como as equações de uma variável ou as expressões que representam padrões ou sequências numéricas, cujos entes subjacentes são as variáveis e as incógnitas.

Em um segundo tipo, Kieran (2004) indica as atividades transformacionais ou baseadas em regras, "[...] que incluem, por exemplo, reduzir termos semelhantes, fatorar, expandir, substituir, adicionar e multiplicar expressões polinomiais, elevar um polinômio a um determinado expoente, resolver equações, simplificar expressões, trabalhar com expressões equivalentes e equações, etc." (p. 24).

No terceiro tipo proposto pela autora, estão as atividades nas quais a Álgebra é usada como uma ferramenta, mas que não são exclusivas desse ramo do conhecimento matemático, tais como a resolução de problemas, a modelagem, o estudo da variação, a generalização, a predição, etc.

A autora comenta que os livros-texto de Álgebra reforçam, em geral, os aspectos transformacionais, com ênfase em regras a serem seguidas para a manipulação de expressões simbólicas, ao invés de atentar para as noções conceituais, que sustentam essas regras ou para o alicerce estrutural das expressões e equações.

Ponte, Branco e Matos (2009) consideram que a visão da Álgebra como campo em que se estudam expressões, equações e regras de transformação ainda é a que prevalece, apesar de seu aspecto redutor. Uma segunda perspectiva, em que os símbolos são tomados como objeto central da Álgebra, aproxima-se da anterior, e enfatiza a linguagem algébrica, mas é criticada por alguns autores, pelo fato de que a ênfase no simbolismo abstrato e na repetição de exercícios de manipulação algébrica afasta os alunos dos elementos concretos.

Segundo esses mesmos autores, a partir da década de 1980 surgiram propostas de enfatizar o desenvolvimento do pensamento algébrico, que

> [...] inclui a capacidade de lidar com expressões algébricas, equações, inequações, sistemas de equações e de inequações e funções. Inclui, igualmente, a capacidade de lidar com outras relações e estruturas matemáticas e usá-las na interpretação e resolução de problemas matemáticos ou de outros domínios (Ponte; Branco; Matos, 2009, p. 10).

De cada proposta de definição ou de caracterização do que é Álgebra, podemos captar elementos que vêm ao encontro do que pensamos sobre o tema. Fiorentini, Miorim e Miguel (1993) mencionam a expressão "pensamento algébrico", mas concluem que não existe forma única de abordar esse constructo. A partir de exemplos de situações em que esse pensamento se manifesta, esses autores apontam

> [...] elementos que consideramos caracterizadores do pensamento algébrico, tais como: percepção de regularidades, percepção de aspectos invariantes em contraste com outros que variam, tentativas de expressar ou explicitar a estrutura de uma situação-problema e a presença do processo de generalização (p. 87).

Arzarello, Bazzini e Chiappini (2001) também indicam o reducionismo da crença de que o pensamento algébrico é inseparável da linguagem formalizada e dos mecanismos manipulativos. Citando a teoria de Vygotsky, esses autores consideram que "o pensamento e a linguagem algébrica são dois aspectos entrelaçados e mutuamente dependentes do mesmo processo" (p. 62).

Efetivamente, no início do trabalho com Álgebra, podemos expressar um problema em linguagem corrente, pensamos sobre ele, tentamos expressá-lo com ajuda de alguns símbolos – que, dependendo da faixa etária dos alunos, podem ser figuras ou letras – e chegamos à linguagem algébrica que, por sua vez, por meio da generalização, nos permite utilizar o mesmo pensamento em outras situações-problema.

Mason (2008) escapa das dificuldades de definição do pensamento algébrico afirmando que esse pensamento "começa com o reconhecimento da ignorância do desconhecido [...], assinalando essa ignorância e fazendo cálculos com ele como se fosse conhecido" (p. 77). Esse autor está, na verdade, expressando a ideia que Pinto e Fiorentini (1997) abordam quando mencionam a palavra "coisa", significando incógnita/termo desconhecido.

Podemos, ainda, ler em Lins e Gimenez (1997) que "[...] por incrível que pareça, não há consenso a respeito do que seja pensar algebricamente. Há, é verdade, um certo consenso a respeito de quais são as coisas da Álgebra: equações, cálculo literal, funções, por exemplo, mas mesmo aí há diferenças – gráficos são ou não parte da álgebra?" (p. 89).

No que se refere à noção de função e à compreensão de suas representações, é fato que elas fazem parte dos conteúdos algébricos propostos para o ensino de Matemática desde o ensino fundamental; da mesma forma, podemos considerar que o pensamento funcional é parte do pensamento algébrico, ainda que tenha características específicas.

Smith (2008) considera que há dois tipos distintos de pensamento algébrico, que chama de "pensamento representacional" e "pensamento simbólico". Segundo esse autor, o pensamento simbólico está ligado à forma de usar e compreender um sistema simbólico, enquanto o pensamento representacional está relacionado "aos processos mentais por meio dos quais um indivíduo cria significados referenciais para algum sistema representacional" (p. 133). Em seguida, Smith (2008) define o pensamento funcional como "o pensamento representacional que enfoca a relação entre duas (ou mais) quantidades que variam [...]" (p. 143), explicitando seis atividades subjacentes ao pensamento funcional:

1) Engajar-se em algum tipo de atividade física ou conceitual.

2) Identificar duas ou mais quantidades que variam no curso da atividade e enfocar a relação entre essas duas variáveis.

3) Registrar os valores correspondentes dessas quantidades, em forma de tabelas, gráficos ou ícones.

4) Identificar padrões nos registros.

5) Coordenar os padrões identificados com as ações envolvidas na execução das atividades.

6) Usar essa coordenação para criar uma representação do padrão identificado na relação (p. 143-144).

Essa estrutura está presente em muitas atividades que são propostas por educadores matemáticos, bem como por livros-texto da educação básica e até mesmo pelos documentos oficiais do Ministério da Educação, como os Parâmetros Curriculares Nacionais (PCN). No Capítulo V vamos voltar a essa estrutura quando sugerirmos atividades para uso em sala de aula sobre o ensino de equações e de funções.

Também os documentos elaborados para orientar professores, tanto no Brasil como no exterior, enfocam a Álgebra, o pensamento algébrico, o pensamento funcional e sua ocorrência no currículo da educação básica e nas atividades sugeridas para as aulas. Os Princípios e Normas para a Educação Escolar, publicado pelo Conselho Nacional de Professores de Matemática (NCTM) dos Estados Unidos e traduzido pela Associação de Professores de Matemática de Portugal (APM, 2007), considera que o ensino de Álgebra pode partir de experiências anteriores dos estudantes: com números e suas propriedades, podem chegar ao trabalho com símbolos e expressões; com padrões, podem desenvolver a noção de função.

O mesmo documento ainda salienta que as experiências precoces com classificação e ordenação podem levar os alunos a compreenderem a regularidade dos padrões, passando pela ideia de recursão e pelas sequências. O entendimento da noção de variável, ao longo dos anos da educação básica, é importante para a destreza em operações com símbolos, que, por sua vez, facilita o trabalho com modelos matemáticos de fenômenos, até chegar à noção de variação, atingida plenamente já no ensino superior, com o estudo do Cálculo.

No Brasil, os Parâmetros Curriculares Nacionais do Ensino Fundamental para Terceiro e Quarto Ciclo (BRASIL, 1998) repetem os argumentos dos autores e documentos já citados, considerando que o ensino de Álgebra é, muitas vezes, ancorado na manipulação algébrica, sem o desenvolvimento das capacidades de abstração e generalização. O mesmo documento sugere que os alunos investiguem padrões, tanto em sucessões numéricas como em representações geométricas, para construir a ideia da Álgebra como linguagem para expressar generalidades.

Os PCN ainda repetem as recomendações dos Padrões e Normas para a Educação Escolar, apontando a importância de trabalhar com variáveis para representar relações funcionais em situações-problema concretas, o que permite que o aluno veja outra função para as letras.

As Orientações Curriculares para o Ensino Médio (BRASIL, 2006), organizando o ensino dos conteúdos matemáticos em quatro blocos, apontam *Números e operações* como o bloco em que serão proporcionadas aos alunos situações que lhes capacitem a resolver problemas do cotidiano. Em todo o documento, é enfatizada a inter-relação que deve acontecer entre as Ciências da Natureza e a Matemática, bem como o uso de tecnologias para o ensino.

Assim, consideramos que as ideias anteriormente apresentadas convergem para uma mesma proposta de ensino que habilite os alunos da escola básica a: "compreender padrões, relações e funções; representar e analisar estruturas matemáticas usando símbolos algébricos; usar modelos matemáticos para representar e compreender relações quantitativas; analisar a variação em diversos contextos" (APM, 2007, p. 39).

Um panorama de pesquisas relacionadas ao ensino e à aprendizagem de Álgebra

Revisamos, no item anterior a este, algumas percepções de educadores matemáticos sobre o ensino e a aprendizagem de Álgebra em que esse ramo da Matemática muitas vezes se apresenta como um conjunto de procedimentos e técnicas, desprovidas de significado para os alunos.

Entre as pesquisas que discutem tal problemática, podemos citar as de Ribeiro (2001), Dreyfus e Hoch (2004), Lima (2007) e Dorigo (2010), que investigaram, junto a alunos de educação básica, o que esses alunos entendem, como eles tratam e quais significados atribuem a conceitos fundamentais de Álgebra, como é o caso do conceito de equação.

Ao investigar o desempenho de alunos de 13-14 anos na resolução de questões envolvendo conceitos de Álgebra elementar, Ribeiro (2001) pôde verificar que as estratégias por eles utilizadas eram basicamente procedimentais, mecânicas e técnicas, além de evidenciarem grandes dificuldades para resolver questões envolvendo situações contextualizadas acerca de tais conceitos.

Dreyfus e Hoch (2004), por outro lado, discutiram em sua pesquisa uma abordagem estrutural para as equações. No trabalho desenvolvido com alunos de idade equivalente aos do ensino médio brasileiro, os autores solicitaram aos sujeitos da pesquisa que descrevessem o que pensavam sobre equação. Uma importante constatação dos autores refere-se ao fato de que os alunos não reconheciam a estrutura interna de uma equação, relacionando o conceito de equação simplesmente com o seu processo de resolução.

Ao encontro dos resultados obtidos por Dreyfus e Hoch (2004) encontra-se a pesquisa de Lima (2007), que investigou os significados atribuídos por alunos de ensino médio à equação e aos seus métodos de resolução. Utilizando-se de questionários e entrevistas envolvendo equações algébricas de 1º e de 2º graus, Lima pôde constatar que os alunos investigados atribuíam à equação o significado de uma "conta" a ser realizada, para a qual o sinal de igual assume um caráter unicamente operacional.

Complementando esses resultados, a pesquisa de Dorigo (2010) investigou quais significados de equação eram mobilizados por alunos do ensino médio ao se envolverem em situações matemáticas que contemplavam diferentes significados desse conceito. Dentre os principais resultados por ele apontados, verificou-se a predominância de um significado relacionado aos processos e técnicas de resolução de equações. Outro ponto que chamou a atenção do pesquisador foi a dificuldade que esses alunos encontraram ao apresentar alguma caracterização do conceito de equação.

As pesquisas anteriormente analisadas parecem indicar que, mesmo ao final da escolaridade básica, após vivenciarem processos de aprendizagem de conceitos algébricos fundamentais, como é o caso do conceito de equação, os alunos não reconhecem as estruturas desse ente matemático, não são capazes de apresentar uma caracterização para esse conceito e somente evocam os procedimentos e técnicas de resolução.

Quanto ao conceito de função e suas representações, encontramos alguns trabalhos que mostram dificuldades de alunos relacionadas a esse conteúdo; pesquisas sobre o tema serão mais exploradas no Capítulo IV. Apenas para exemplificar, citamos o estudo de Markovits, Eylon e Bruckheimer (1995), que trabalharam com estudantes de nível correspondente ao ensino médio brasileiro e que detectaram dificuldades com termos que fazem parte da própria definição de função (domínio, contradomínio, imagem); a seguir, os autores citam as concepções erradas dos estudantes, quando estes, no momento de traçar gráficos, consideram que todas as funções são lineares e unem os pontos com uma linha reta.

Em relação aos professores – seus conhecimentos e formas de ensinar – destacam-se as pesquisas de Attorps (2003) e de Barbosa (2009). Numa investigação envolvendo dez professores secundários, Attorps (2003) discute as concepções de equação apresentadas por professores. Por meio de entrevistas, a autora apresenta aos participantes cinco categorias de expressões que não são equações e uma que representa equação. Em seus resultados, ela percebe que os professores, em primeiro lugar, nem sempre associam o conceito de equação ao conceito de igualdade. Em segundo lugar, a pesquisadora destaca o fato de que alguns desses professores não reconheceram uma determinada expressão como uma equação, por não saberem como encontrar a sua solução.

Outro resultado encontrado por Attorps (2003) refere-se ao fato de que, em grande parte, os professores têm uma concepção de equação muito ligada à questão procedimental – as técnicas e os procedimentos para sua resolução. Além disso, durante as entrevistas, a autora pôde observar que a concepção desses professores sobre ensino de equação parece ter como origem a forma como eles aprenderam a trabalhar com o processo de resolução de equações, ou seja, suas experiências como alunos.

Barbosa (2009) realizou uma pesquisa diagnóstica com seis professores de Matemática de diferentes níveis de ensino e com diferentes tempos de experiência. Foram analisados os dados produzidos por três deles ao participar de entrevistas semiestruturadas que contemplavam situações matemáticas elaboradas pelo pesquisador, as quais tinham por objetivo compreender quais significados de equação esses professores mobilizavam ao se envolverem com tais situações matemáticas. Dentre os principais resultados obtidos por Barbosa (2009), dois colocam-se em destaque: 1) os professores mobilizaram mais frequentemente significados que estão intimamente relacionados a processos e técnicas de resolução de equações; 2) os professores sentiram grande dificuldade para apresentar uma caracterização para o conceito de equação e para reconhecer esse conceito quando não está explicitado na situação matemática proposta.

Também encontramos pesquisas em que são discutidos os conhecimentos de professores relacionados ao conceito de função. Entre elas, citamos a de Zuffi (1999), que investigou a utilização da linguagem matemática por sete professores de Matemática do ensino médio. A autora conclui que, para esses professores, as regras e procedimentos estabelecidos pela comunidade escolar e pelos livros-didáticos para o conceito de função têm mais destaque do que as definições formais que foram estudadas nos seus cursos de formação e que eles apresentam os formalismos da linguagem matemática apenas para cumprir com as exigências da escola ou dos vestibulares.

Esse levantamento de pesquisas mostra que há vários problemas relacionados ao ensino e à aprendizagem de equações e funções, os quais estão, normalmente, relacionados ao fato das equações e funções serem frequentemente compreendidas como um "amontoado" de símbolos, regras e procedimentos, muitas vezes desprovidos de significado. Assim, para que possamos sugerir, posteriormente, algumas atividades que possam tratar desses problemas, entendemos ser necessário a seguir estabelecermos alguns elementos teóricos sobre esses dois conceitos.

Os significados dos conceitos de equação e de função

A formação de um conceito por um indivíduo não é um processo pontual ou imediato. Na maior parte das vezes, partes do conceito vão sendo agregadas a outros elementos, tornando-se um amálgama que, posteriormente, pode vir a ter a clareza, a precisão e o detalhamento exigidos pela comunidade – acadêmica ou não, dependendo do tipo de conceito em questão – ou pode se tornar um obstáculo à formação de novos conceitos que são relacionados com o original.

Como exemplo, podemos tomar o conceito de triângulo: um aluno pode, desde a Educação Infantil, ter uma ideia sobre o que é um triângulo, pois lhe é apresentado informalmente, lhe é solicitado um desenho, o preenchimento da superfície triangular com uma determinada cor, a ordenação de triângulos por semelhança, etc. Entretanto, essa figura geométrica, no início, parece ser apenas uma entre muitas que são mostradas ao aluno e com as quais ele normalmente brinca.

Aos poucos, ele pode compreender que há particularidades no triângulo, como o fato de ter três lados, que o diferencia de outra figura com mais lados. Mas a imagem desse conceito só vai receber outros contornos quando o estudante souber distinguir o polígono "triângulo" do sólido "prisma reto de base triangular". A imagem inicial, de uma figura cujo interior era pintado de uma determinada cor, obstaculiza, por exemplo, a distinção entre perímetro e área, que às vezes não é realizada por estudantes de ensino superior.

Tall e Vinner (1981), em artigo clássico, apresentam as definições de "imagem de conceito" e "definição de conceito", que podem ajudar a entender o processo de formação de conceitos. Para os autores,

> [...] *imagem de conceito* descreve a estrutura cognitiva total que é associada ao conceito, que inclui todas as imagens mentais e propriedades e processos associados. É construída ao longo dos anos, através de experiências de todos os tipos, mudando à medida que o indivíduo encontra novos estímulos e amadurece (TALL; VINNER, 1981, p. 152, grifo do original).

Já a definição de um conceito é uma maneira de usar palavras para especificar o conceito em questão. Pode ser aprendido por um aluno somente por memorização mecânica ou de maneira significativa, relacionando-se em maior ou menor grau com o conceito como um todo. De certa forma é o que o aluno evoca da imagem daquele conceito. Os autores ainda salientam que "seja a definição de conceito dada [ao aluno] ou construída por ele, ela pode variar de tempos em tempos. Dessa forma, uma definição pessoal do conceito pode diferir de uma definição formal, sendo a última a que é aceita pela comunidade matemática em geral" (p. 2).

Para deixar clara a distinção entre esses constructos, Tall e Vinner (1981) apresentam como exemplo o conceito de subtração. Segundo eles, inicialmente a subtração envolve números inteiros positivos e a criança pode observar que a subtração diminui o minuendo. Mas essa imagem de conceito pode funcionar como obstáculo quando o aluno se deparar com números negativos. Assim, os autores consideram que os atributos mentais associados a um conceito podem conter em si as sementes de um futuro conflito cognitivo, pois diferentes partes da imagem de conceito podem ser ativadas de acordo com o contexto e, se forem conflitantes, podem levar o aluno a cometer erros.

Se pensarmos em uma dimensão mais ampla, retomando conceitos que foram construídos ao longo da história da humanidade, é razoável supor que esses conceitos sofreram muitas mudanças, mesmo no seio da comunidade científica, até chegar às definições hoje aceitas. Em termos de ensino e de aprendizagem, para qualquer conceito, da Matemática ou de outra ciência, percebe-se uma grande diferença entre os significados aceitos há milhares de anos e os que hoje são apresentados aos alunos. É sobre esses múltiplos significados para os conceitos de equação e de função que vamos, a seguir, discorrer e trazer algumas teorizações.

Ribeiro (2007) desenvolveu um trabalho de caráter teórico no qual buscou identificar diferentes significados do conceito de equação por meio de estudos epistemológicos e didáticos. Dando continuidade ao trabalho de Ribeiro (2007), Barbosa (2009) e Dorigo (2010) se propuseram a investigar se e como os significados identificados na pesquisa de Ribeiro estão presentes nas concepções de professores e alunos, respectivamente.

Segundo Ribeiro (2007), o conjunto dos diferentes significados identificados – designados como *"multissignificados de equação"* – compreende diferentes formas de ver, de interpretar e de tratar o conceito de equação. Por meio da análise de referenciais bibliográficos e histórico-epistemológicos foram reveladas diferentes formas pelas quais distintos povos, em diferentes épocas históricas, entendiam e utilizavam o conceito de equação.

Sintetizando os elementos destacados por Ribeiro (2007), os quais serão expandidos no Capítulo II deste livro, é possível se considerar diferentes formas de conceber e tratar o conceito de equação, em cada época histórica. Com isso, pôde-se identificar que: 1) babilônios e egípcios entendiam equação como um conceito que emergia de situações práticas e buscavam resolvê-la de maneira intuitiva, com métodos que se apoiavam fortemente em ideias aritméticas; 2) gregos, por sua vez, sempre relacionavam equações a situações que envolviam conhecimentos geométricos, buscando as soluções geralmente por meio de raciocínios dedutivos; 3) árabes e hindus, bem como os europeus renascentistas, passaram a conceber o conceito de equação de um ponto de vista estrutural.

Vale ressaltar que tanto babilônios como egípcios ou gregos se preocupavam em resolver equações particulares que estavam relacionadas a problemas ou a situações específicas. No entanto, árabes, hindus e os europeus renascentistas procuravam identificar, a partir da estrutura interna das equações, soluções gerais para uma classe de equações que apresentassem uma mesma estrutura.

Dando continuidade ao trabalho, Ribeiro (2007) desenvolveu um estudo sobre o ensino de equações nas diferentes épocas, apoiado em livros didáticos e de fundamentos da Matemática, dicionários matemáticos e etimológicos, além de relatórios de pesquisas da área de Educação Matemática. Esse estudo possibilitou a observação de outros significados para o conceito de equação e, juntamente ao que foi encontrado inicialmente, produziu seis diferentes formas de conceber a noção de equação, chamadas por Ribeiro (2007) de *multissignificados de equação*:

- intuitivo-pragmático: o conceito de equação é concebido como intuitivo, ligado à ideia de igualdade entre duas quantidades, e utilizado na resolução de problemas práticos;
- dedutivo-geométrico: o conceito de equação é ligado às figuras geométricas e o seu uso está relacionado a situações que envolvem cálculos e operações com medidas de entes geométricos;
- estrutural-generalista: o conceito de equação é estrutural, definido e com propriedades e características próprias, buscando-se operar sobre ele mesmo, na busca de soluções mais gerais para uma classe de equações do mesmo tipo;
- estrutural-conjuntista: o conceito de equação é concebido dentro de uma perspectiva estrutural, diretamente ligada à noção de conjunto;
- processual-tecnicista: o conceito de equação é concebido a partir de sua própria resolução, como os métodos e técnicas que são utilizados para resolvê-la;
- axiomático-postulacional: o conceito de equação é concebido como uma noção primitiva, usada no mesmo sentido que reta, ponto e plano na Geometria.

Mas, como acontece com qualquer constructo novo, apresentado para ser discutido e para poder crescer com o aporte de outras teorizações, surgiu a possibilidade de expandir o estudo de Ribeiro (2007) a partir da ideia de perfil conceitual, apresentada originalmente na tese de Mortimer (1994), e citada em Coutinho, Mortimer e El-Hani (2007, p. 116) como:

> [...] a ideia de que um único conceito pode ter diferentes zonas que correspondem a diferentes maneiras de ver, representar e significar o mundo, e são usadas pelas pessoas em contextos diferenciados. [...] Segundo esta noção, qualquer indivíduo pode possuir mais de uma forma de compreensão de um determinado conceito, ou seja, diferentes zonas de um perfil conceitual podem conviver no mesmo indivíduo, correspondendo a formas distintas de pensar e falar, que podem ser usadas em contextos específicos (COUTINHO; MORTIMER; EL-HANI, 2007, p. 116).

Com isso, em Ribeiro (2013, p. 59), são ressaltadas duas propriedades que caracterizam um perfil conceitual:

> (1) um perfil conceitual é sempre individual, isto é, cada indivíduo pode exibir diferentes perfis – isto pode ser identificado pelas zonas que povoam esse perfil e pelo peso relativo de cada zona; (2) por outro lado, as zonas que constituem determinado perfil conceitual, em uma dada cultura, são sempre semelhantes. Em síntese, embora os perfis conceituais sejam individuais, tais perfis, em mesma cultura, são sempre os mesmos.

A partir dessas ideias, foi proposto um "diálogo" entre os multissignificados de equações e as possíveis zonas de perfil conceitual. As pesquisas de Barbosa (2009) e Dorigo (2010) fortaleceram os pressupostos para a elaboração das (novas) categorias que iriam compor as zonas de perfil conceitual de equação. Embora tenham tido, respectivamente, professores e alunos como fonte de dados, caracterizaram-se como pesquisas diagnósticas, visto que não houve qualquer tipo de intervenção nos processos de ensino e de aprendizagem de equações envolvendo tais atores.

Em ambas as pesquisas aqui citadas, foi identificada uma forte incidência do significado intuitivo-pragmático, tanto nas concepções de professores como nas dos alunos. Entretanto, aparece com mais naturalidade nos resultados de Dorigo (2010) a "utilização" de tal significado, ainda que os alunos sintam uma grande necessidade de utilizar-se de procedimentos e técnicas (significado processual-tecnicista) para tratar as situações às quais foram expostos.

Por outro lado, na pesquisa de Barbosa (2009), a presença do significado processual-tecnicista é mais aparente e frequente, se comparada com a pesquisa de Dorigo (2010). Segundo Barbosa (2009), os professores investigados encontraram dificuldades para tratar as situações matemáticas em que se envolveram quando não recordaram alguma fórmula ou algoritmo de resolução. Embora tais professores também "utilizem" o significado intuitivo-pragmático, parecem não se sentir tão à vontade para usar estratégias aritméticas, como foi observado entre os alunos.

Assim, sintetizando os estudos aqui discutidos, o Quadro 1 traz a aproximação entre os multissignificados de equação e as zonas de perfil conceitual de equação, na forma de categorias que vão ser usadas no Capítulo III para discutir e analisar os exemplos de questões envolvendo o conceito de equação apresentadas naquele momento.

Quadro 1 – Categorias de um perfil conceitual de equação

Categoria	Breve descrição	Categoria(s) originária(s)
Pragmática	Equação interpretada a partir de problemas de ordem prática. Equação admitida como uma noção primitiva. Busca pela solução predominantemente aritmética.	Pragmática. Intuitiva. Axiomática.
Geométrica	Equação interpretada a partir de problemas geométricos. Busca pela solução predominantemente geométrica.	Geométrica. Dedutiva.

Estrutural	Equação interpretada a partir de sua estrutura interna. Busca pela solução predominantemente algébrica.	Estrutural. Generalista. Tecnicista.
Processual	Equação interpretada a partir de processos de resolução. Busca pela solução aritmética ou algébrica.	Processual. Tecnicista. Intuitiva.
Aplicacional	Equação interpretada a partir de suas aplicações. Busca pela solução aritmética ou algébrica.	Pragmática. Conjuntista. Intuitiva.

Fonte: RIBEIRO, 2013, p. 63.

Para o conceito de função, temos também uma proposta de perfil conceitual, igualmente ancorada no trabalho de Mortimer (1994) e elaborada por Machado (1998). Esse autor, em sua dissertação de mestrado, fez um estudo sobre a evolução histórica do conceito de função, uma análise de um livro didático usado no ensino de Matemática e uma aplicação de testes sobre funções a alunos de ensino médio. A partir dos dados coletados, elaborou as seguintes zonas de perfil conceitual de função:

1) relação de ordem: a ideia de ordenar, que está na origem da contagem e da correspondência biunívoca, é um conceito primitivo, encontrado desde a pré-história, estando limitada a conjuntos discretos;

2) instinto de funcionalidade: esta zona está relacionada ao conceito de proporcionalidade e à ideia de relação entre grandezas;

3) variação funcional: relaciona-se ao estudo da variação, com descrição do comportamento de uma variável, mas se limita a funções "bem comportadas", cujo gráfico é representado por uma curva suave, sem saltos nem interrupções, ou seja, a funções contínuas;

4) lei algébrica: essa zona caracteriza-se pela algebrização do conceito de função, pela necessidade de encontrar uma lei para representá-la;

5) conceito formal: nesse caso, a zona de perfil conceitual reporta-se à definição formal de função, conforme foi estabelecida, por exemplo, por Bourbaki, em 1939.[1]

Ao analisar as respostas dos testes, Machado (1998) comenta que "os alunos, além de apresentarem várias imagens de um conceito [...] se utilizam das diferentes zonas do perfil de acordo com o contexto de cada questão" (p. 176). Também é de destacar o fato de ser utilizada mais de uma zona do perfil conceitual de função por um mesmo estudante.

Para complementar e aprofundar as ideias apresentadas neste capítulo, vamos, a seguir, apresentar e discutir o desenvolvimento dos conceitos de equação e de função, ao longo da história da Matemática e da humanidade.

---

[1] Essa definição é apresentada no capítulo seguinte.

Capítulo II

Epistemologia dos conceitos de equação e de função

Neste capítulo, abordamos como os conceitos de equação e função foram sendo moldados ao longo do desenvolvimento da Matemática, no intuito de possibilitar ao leitor uma visão geral sobre o tema, do ponto de vista de quem irá ensinar Álgebra na educação básica, bem como para aquele que pretende desenvolver suas pesquisas ao redor de tais temáticas. Apresentamos, assim, um estudo bibliográfico no qual analisamos a trajetória epistemológico-histórica dos conceitos de equação e de função, identificando como diferentes povos, em diferentes épocas, concebiam tais conceitos ao longo do desenvolvimento da história da Matemática.

O conceito de equação ao longo da história da Matemática

Iniciamos pelo conceito de equação, discutindo a Matemática dos babilônios, dos egípcios e dos gregos. Trazemos em seguida as descobertas dos árabes e hindus, e, finalmente, as contribuições que os europeus renascentistas trouxeram para um dos maiores problemas que permearam a Matemática até o século XIX – a busca pela resolução das equações quínticas.

Eves (2004) destaca uma marca bastante forte e presente na Matemática babilônica, a qual se refere a uma Geometria de caráter puramente algébrico, na qual os problemas são expressos em terminologia geométrica, mas, na verdade, não passam de problemas algébricos não triviais. O autor discute que, por volta do ano 2000 a.C., a Aritmética dos babilônios parecia já ter evoluído para uma Álgebra retórica desenvolvida, uma vez que estes povos resolviam equações lineares e quadráticas com duas incógnitas, tanto pelo método equivalente ao de substituição numa fórmula geral, como pelo método de completar quadrados. A Álgebra naquela época era utilizada para resolver problemas por meio de equações que ainda, nos dias de hoje, requerem uma considerável habilidade numérica. De fato, nota-se que os babilônios eram infatigáveis construtores de tábuas de cálculos, calculistas extremamente hábeis "e certamente mais fortes em álgebra do que em geometria". (Eves, 2004, p. 63).

Na Matemática dos egípcios, por meio de muitos problemas encontrados nos papiros de Rhind e de Moscou, pôde ser detectada a presença de situações problemas de origem prática, com questões sobre pão, cerveja, balanceamento de rações para o gado e aves, entre outros. Muitos desses problemas eram resolvidos por uma equação linear com uma incógnita, nas quais os egípcios utilizavam-se de um método que, mais tarde na Europa, ficou conhecido por regra da falsa posição. Tais problemas eram normalmente simples e não iam além de equações lineares com uma incógnita. Além disso, suas soluções não exigiam grandes métodos e raciocínios, sendo que o mais empregado, o da falsa posição, assemelha-se bastante com o que conhecemos hoje como "método das tentativas".

Ainda no que se refere às equações encontradas na Matemática egípcia, Dahan-Dalmenico e Peiffer (1986) destacam que, nos papiros citados aqui, as resoluções de equação eram sempre seguidas de instruções do tipo "faça isto", "faça aquilo", "este é o resultado", sem qualquer tipo de justificativa lógica. Em nosso entendimento, podemos, nos dias atuais, reconhecer indícios dessa "concepção", uma vez que há perspectivas de ensino e de aprendizagem de Matemática que se baseiam na simples manipulação de regras e algoritmos sem se preocupar com a discussão dos significados dos conceitos matemáticos envolvidos.

A partir disso, pode-se observar que tanto babilônios como egípcios trabalhavam, basicamente, com equações originárias de problemas de ordem prática, buscando as soluções de tais equações por métodos basicamente aritméticos, nos quais procuravam igualar duas ou mais quantidades conhecidas, com a finalidade de encontrar o valor da quantidade desconhecida. Observa-se ainda que, durante esse período da história das equações, a maior parte das soluções relacionava-se a equações particulares, no intuito de resolver problemas específicos, não apresentando como preocupação a busca por soluções gerais para todos os tipos de equações conhecidas.

Avançando ao longo da história da Matemática, passamos a discutir a Matemática dos gregos, na Europa antiga. Nesse período surgiram muitos relatos sobre um grande número de matemáticos preocupados com problemas que contribuíram com o desenvolvimento da Geometria, período esse que ficou conhecido como "Idade Heroica da Matemática". Nessa época, observa-se que a Álgebra aritmética passa a dar lugar a uma Álgebra geométrica, na qual os gregos, normalmente, utilizavam-se de dois métodos principais para a resolução de equações lineares e quadráticas – o método das proporções e o da aplicação de áreas, métodos esses que parecem ter suas origens na escola pitagórica.

No livro *O romance das equações algébricas*, Garbi (1997) apresenta o método das proporções utilizado então pelos gregos. Por esse método, constrói-se um segmento de reta x, dado por $a: b = c: x$ ou por $a: x = x: b$, em que a, b, c são medidas de segmentos de reta dados, para que se encontre as soluções geométricas de equações do tipo $ax = bc$ e $x^2 = ab$. É sabido que os gregos já distinguiam grandezas de uma, duas ou três dimensões e que suas discussões giravam em torno de situações em que surgia a necessidade de se adicionar tais grandezas.

Ainda em relação aos gregos, centenas de anos mais tarde, conforme discute Boyer (1978), surge aquele que foi considerado o maior algebrista grego – Diofanto de Alexandria (no período entre 250 a 350 d.C.). Em sua obra, intitulada *Arithmética*, Diofanto traz grandes contribuições para o desenvolvimento da Álgebra, principalmente no que se refere à simbologia e à notação da escrita matemática. Além disso, Diofanto passa a contemplar a utilização de certas técnicas de natureza algébrica, como: transformações de expressões, substituição, eliminação, etc., mesmo que implícitas.

Assim sendo, entendemos, então, que na Matemática dos gregos as equações eram concebidas de maneira significativamente diferente da dos babilônios e egípcios, uma vez que os gregos não procuravam resolver equações que tinham sido originadas de problemas de ordem prática e suas resoluções repousavam em manipulações geométricas, como percebemos, por exemplo, no método das proporções. Outro ponto que destacamos é a diferença nas concepções de equação de babilônios e egípcios em relação aos gregos. Enquanto os primeiros concebiam as equações como igualdade entre duas quantidades, os últimos achavam isso inconcebível, pois para eles as operações com segmentos e figuras geométricas não permitiam que se igualassem grandezas de dimensões diferentes.

Em relação aos babilônios, egípcios e gregos, percebemos, assim, uma mudança qualitativa na forma de compreender e de manipular as equações: enquanto para os babilônios e egípcios as equações se aproximavam da Aritmética, para os gregos, tais equações se aproximavam da Geometria. No entanto, observa-se uma consonância entre esses três povos, no que se refere à busca pelas soluções, pois esta ainda estava relacionada às equações particulares e não a métodos gerais.

Como outra perspectiva na forma de conceber e de tratar as equações, encontramos na Matemática árabe uma forma de desenvolvimento que tomava como ponto de partida muitos problemas relacionados ao comércio, à arquitetura, à astronomia, à geografia, à ótica. Era muito comum encontrar, na Matemática dos árabes, uma forte característica entre a solução de problemas e um trabalho teórico intenso, o que será observado mais adiante como uma importante mudança de paradigma no que se refere às formas como as estruturas das equações eram entendidas e compreendidas.

Nos trabalhos de Puig (1998) – um estudo bastante detalhado sobre a história da Matemática – encontramos um dos principais nomes daquela época: al-Khwarizmi, o qual escreveu duas importantes obras sobre Aritmética e Álgebra, dentre elas *Ilm al-Jabr Wa´l Muqabalah* ("restauração por transposição de termos de um lado da equação para o outro"). Em nosso entendimento, essa foi uma das obras que mais trouxe contribuições para o estudo das equações.

Observa-se que, nesse livro, aparecem pela primeira vez, de forma organizada, algumas regras para resolver equações polinomiais de 1º e de 2º graus com coeficientes numéricos. Nota-se que tais regras são semelhantes àquelas utilizadas hoje em dia para resolver as equações polinomiais do 1º grau. A Álgebra de al-Khwarizmi deixou-nos, como herança, duas expressões que tomaram significados muito fortes e presentes na resolução de equações: *al-Jabr* e *al Muqabalah*. *Al-Jabr* é a operação que adiciona a ambos os membros da equação termos iguais; enquanto *al Muqabalah* é a operação que reduz ou elimina termos iguais de ambos os membros da igualdade.

Na Álgebra de al-Khwarizmi, todas as equações tratadas por ele podiam ser reduzidas a seis tipos, em sua forma canônica, aqui apresentadas na roupagem que hoje conhecemos:

1) $ax^2 = bx$ 4) $ax^2 + bx = c$

2) $ax^2 = c$ 5) $ax^2 + c = bx$

3) $bx = c$ 6) $bx + c = ax^2$

Percebe-se, na obra de al-Khwarizmi, uma preocupação constante em buscar as formas canônicas que possibilitariam resolver qualquer tipo de equação quadrática. Embora ele não dispusesse de uma linguagem simbólica, como temos atualmente, al-Khwarizmi conseguiu elaborar um catálogo com as formas canônicas, utilizando-se unicamente de linguagem natural e algumas figuras geométricas.

No importante trabalho de Struik (1992), encontramos outro grande matemático que contribuiu significativamente para a teoria das equações: o persa Omar Khayyam. Esse matemático encontrou uma solução geométrica para a equação cúbica do tipo $x^3 + ax = b$, utilizando-se da intersecção da circunferência $x^2 + y^2 = qx$ com a parábola $x^2 = py$. Além disso, ele também trabalhou com a cúbica do tipo $x^3 = ax + b$ por meio da intersecção da parábola $x^2 = \sqrt{a}y$ com a hipérbole equilátera $x\left(\dfrac{b}{a} + x\right) = y^2$

Por outro lado, a Matemática hindu era frequentemente descrita como uma Matemática intuitiva, uma vez que os matemáticos indianos tinham uma predileção por trabalhar com números e com as operações aritméticas na resolução de equações. Por exemplo, observa-se que eles utilizavam, com frequência, os métodos da falsa posição ou de inversão, no qual se trabalha "de trás para frente", a partir dos dados do problema. Sem dúvida, além de Omar Khayyam, tivemos grandes contribuições dos hindus para a Álgebra e, em especial para a Teoria das Equações, com os trabalhos de Brahmagupta e Bháskara.

Segundo Bashmakova e Smirnova (2000), Brahmagupta, matemático hindu que viveu em 628 na Índia central, encontrou soluções gerais das equações quadráticas, determinando duas raízes, inclusive, uma raiz negativa. Observa-se, de fato, uma forte influência da Matemática grega em Brahmagupta. Ele foi o primeiro a encontrar *todas as soluções inteiras possíveis* para a equação linear diofantina $ax + by = c$ onde a, b e c são inteiros, enquanto Diofanto, em sua época, procurava *uma solução racional qualquer*.

Percebe-se ainda na Matemática hindu o uso de uma Álgebra sincopada nos trabalhos de Brahmagupta, pois ele, assim como outros hindus, utilizava-se da justaposição para indicar a adição; de um ponto sobre o subtraendo para indicar a subtração; de *bha* para indicar a multiplicação e de *yā* para denotar a incógnita, dentre outras.

Muitos autores e historiadores reconhecem Bháskara como o mais importante matemático hindu do século XII, uma vez que foi ele quem preencheu algumas lacunas na obra de Brahmagupta e conseguiu representar, através de sua obra, uma culminação das contribuições hindus anteriores. A obra mais conhecida da época é *Lilavati,* uma compilação de problemas de Brahmagupta dentre outros matemáticos hindus, obra esta que continha muitos problemas sobre progressões aritméticas e geométricas, equações lineares e quadráticas. Bháskara, assim como seu antecessor Brahmagupta e outros hindus, aceitavam os números negativos e irracionais e chegaram a duas importantes identidades, $\sqrt{a \pm \sqrt{b}} = \sqrt{\frac{(a + \sqrt{a^2 - b})}{2}} \pm \sqrt{\frac{(a - \sqrt{a^2 - b})}{2}}$, que podem ser empregadas para encontrar a raiz quadrada de um número racional.

Reconhecemos que, utilizando-se do conhecimento deixado por outros matemáticos hindus, principalmente Brahmagupta, Bháskara foi quem unificou a solução geral das equações quadráticas pelo método de completamento de quadrados, hoje em dia conhecido por método hindu. A importante fórmula geral para a resolução da equação de 2° grau $ax^2+bx+c=0$, $x = \frac{-b \pm \sqrt{b^2 - 4ac}}{2a}$, é conhecida nos dias atuais, no Brasil, como fórmula de Bháskara.

Com isso, entendemos que, embora árabes e hindus também trabalhassem com equações originárias de problemas de ordem prática – como os babilônios e os egípcios – além de situações que recaiam em interpretações e manipulações geométricas – assim como os gregos – é notório que as questões investigadas por árabes e hindus parecem dar ao *conceito de equação* um *caráter algébrico*. O catálogo de expressões cuja resolução era conhecida antes deles passou do específico – constituído pela acumulação de problemas resolvidos, técnicas e procedimentos de resolução particularizados – para um *catálogo* de *todas* as *formas canônicas* possíveis.

Embora a Álgebra babilônica tenha tentado superar esse objetivo, ainda que existissem catálogos de técnicas e problemas, esses nada tinham a ver com interpretações geométricas, por exemplo. Os procedimentos de resolução são analíticos e reduzem as configurações a outras já conhecidas, ponto que também não é superado, tampouco, pela obra de Diofanto.

Em nossa compreensão, a partir da Matemática de árabes e de hindus, o *conceito de equação* passa a apresentar uma *concepção* mais *estrutural*, no sentido de se observar as características e propriedades definidas em uma classe de equações e não mais em equações relacionadas a situações particulares.

Miguel e Miorim (2004), em outro livro desta Coleção, apresentam argumentos reforçadores e questionadores das potencialidades pedagógicas da história no ensino de Matemática. No caso das equações, por exemplo, podemos considerar que o conhecimento dos desdobramentos desse conceito entre os povos antigos, passando de uma concepção pragmática a outra geométrica e, posteriormente, à estrutural, potencializa a identificação de obstáculos epistemológicos para enfrentar dificuldades manifestadas pelos estudantes no processo de aprendizagem da Matemática escolar.

Avançando algumas décadas na História da Matemática e da humanidade, chegamos ao Renascimento. No campo das ciências e, mais especificamente na Matemática, foi nessa época que foi publicada, na Itália, a mais conhecida obra de Álgebra: a *Summa de arithmetica, geométrica, proportioni et proportionalita*, escrita pelo frade Luca Pacioli. Essa obra, que foi concluída em 1487, envolvia Aritmética, Geometria, Álgebra e Contabilidade, discutindo na parte reservada à Álgebra, a resolução usual de equações lineares e quadráticas.

A partir de análises de trabalhos de Garbi (2006) e Lintz (1999), constatamos que, provavelmente, um dos maiores e mais extraordinários feitos matemáticos ocorridos no século XVI foi a descoberta, por matemáticos italianos, da solução algébrica por meio de radicais para as equações cúbicas e quárticas.

Encontramos registros de que o primeiro matemático a conseguir resolver algebricamente equações cúbicas do tipo $x^3 + mx = n$, foi o bolonhês Scipione del Ferro, em 1515. O trabalho de del Ferro parece ter tido como base fontes árabes. Outro matemático italiano que contribuiu para tais descobertas foi Nicolo Fontana, mais conhecido por Tartaglia. Ele nasceu em 1499 e escreveu *Nova Scientia* em 1537. Essa obra trata de uma aplicação da Matemática à artilharia, sendo descritos nesse livro os novos métodos e instrumentos de balística. Além disso, ele foi o primeiro italiano a traduzir e a publicar *Os Elementos* de Euclides, em 1543 e, no ano de 1546 ele anunciou ter descoberto uma solução algébrica para a equação cúbica $x^3 + px^2 = n$.

Cabe destacar aqui também o trabalho de outro matemático italiano que estudou as equações de 3º grau: Cardano. Nascido em Pavia, no ano de 1501, estudou Medicina na Universidade de Pádua e, em 1545, publicou *Ars Magna*. Nesse trabalho Cardano apresenta uma resolução para as equações cúbicas, a qual é contestada por Tartaglia por ter sido plágio de seu trabalho. Pouco tempo após a resolução da cúbica, também foi encontrada a resolução da equação quártica, em 1540, pelo matemático Ferrari, muito embora tal resultado tenha sido publicado por Cardano, em sua obra *Ars Magna*.

No mesmo ano nasce, na França, François Viète, que é considerado por muitos o precursor da Álgebra simbólica. Viète foi o responsável pelo desenvolvimento do simbolismo algébrico, introduzindo uma convenção extremamente importante para a escrita das equações na forma geral: ele passa a representar uma quantidade, supostamente desconhecida ou indeterminada, com uma vogal, e uma grandeza ou números supostamente conhecidos ou dados, com uma consoante.

Entretanto, ainda que ele tenha adotado essa simbologia, a Álgebra de Viète consistia fundamentalmente em palavras e abreviaturas, como: x *cubus* para representar x^3; x *quadratus* para x^2; *aequalis* para o sinal de =; entre outros. Por outro lado, um ponto merecedor de destaque na obra de Viète é a conhecida transformação por ele proposta, pela qual, acrescentando-se às equações cúbicas do tipo $x^3 + 3ax = b$, uma nova quantidade desconhecida y, que se relaciona a x pela equação $y^2 + xy = a$, tal cúbica em x se reduzia a uma quadrática em y, que podia ser resolvida facilmente.

Miguel e Miorim (2004) discutem livros didáticos matemáticos, publicados no Brasil no início do século XX, nos quais são apresentados métodos para resolução de equações polinomiais de 2º grau. Um deles é o que já citamos anteriormente e que gera a chamada fórmula de Bháskara. O outro é atribuído a Viète e envolve, também, uma quantidade desconhecida h, tal que $x = y + h$, o que, por substituição na equação $ax^2 + bx + c = 0$, permite chegar à mesma fórmula.

Não podemos deixar de discutir o trabalho de outro matemático que contribuiu significativamente para o desenvolvimento da história das equações: René Descartes. Descartes, nascido em 1596, na França, apresentou fortes contribuições que possibilitaram a continuidade do desenvolvimento da linguagem algébrica, segundo discute Puig (1998). Tais avanços na linguagem algébrica fizeram com que Descartes desenvolvesse seu método para resolução de equações. Esse método pode ser apresentado, resumidamente, dentro das seguintes fases:

- Leitura analítica do enunciado do problema e a redução a uma lista de quantidades e relações entre essas quantidades;
- Escolha de uma quantidade que será representada por uma letra (ou de várias quantidades e várias letras);
- Representação das outras quantidades mediante expressões algébricas que descrevam a relação (aritmética) entre essas quantidades e outras que tenham sido previamente representadas por uma letra ou por uma expressão algébrica;

- Estabelecimento de uma equação (ou várias, se for o caso) igualando-se as expressões obtidas anteriormente.

Com isso, a partir do trabalho de Descartes, tem-se início uma "nova" Álgebra, na qual é possível que sejam tomadas as próprias equações não mais como um meio de organização de fenômenos, mas no sentido de propor um movimento de matematização vertical,[2] que necessita de novos meios para sua organização. A partir da ideia "se a é uma raiz da equação, $x - a$ divide o polinômio correspondente", Descartes explora o número de raízes das equações, além do efeito que tem, sobre as raízes, o fato de trocar x por $y - a$, etc. Ainda que Cardano e Viète já tivessem se debruçado sobre tais ideias, foi Descartes quem afirmou que "sua Álgebra" se iniciava justamente onde parou a de Viète.

Em sua obra *Geometria*, Descartes retoma o método de escrever equações a partir de problemas, utilizando-se da ideia de supor conhecido o que é desconhecido, dando continuidade assim ao desenvolvimento de seu método no que diz respeito à transformação das equações. Nesse trabalho, Descartes não expõe as regras de transformações das expressões algébricas, pois as supõe conhecidas. O que ele destaca é a forma pela qual se obtém a equação canônica, escrita da maneira mais geral por: $x^n = a_{n-1}x^{n-1} \pm a_{n-2}x^{n-2} \pm \ldots \pm a_2x^2 \pm a_1x \pm a_0 = 0$

Observa-se que as formas canônicas estabelecidas por Descartes não apresentam um polinômio igualado a zero, o que é feito somente mais tarde, quando trata do que chama "sua Álgebra". Entretanto, é imprescindível destacar que, de forma diferente dos gregos, Descartes rompe com a vinculação geométrica dos nomes às espécies, quando mostra que o produto de uma linha por uma linha pode ser representado por outra linha e não como uma superfície, diferentemente dos gregos, fazendo assim que as espécies "quadrados" ou "cubos" deixem de ser heterogêneas.

Ao retomarmos o estudo da obra *O romance das equações algébricas* (Garbi, 1997), encontramos os trabalhos de Leonhard

---

[2] "Matematização vertical é o processo de reorganização no interior do sistema matemático em si, como, por exemplo, encontrar atalhos e descobrir conexões entre conceitos e estratégias e então aplicar essas descobertas" (VAN DEN HEUVEL-PANHUIZEN, 2001, p. 3).

Euler, nascido na Suíça, em 1707. Euler trouxe grandes contribuições para a Álgebra, e mais especificamente para as equações, pois seu trabalho com os números complexos desempenhou um papel muito importante na teoria das equações algébricas. Enquanto Euler buscava resposta à questão "como extrair uma raiz *enésima* de um número complexo", ele descobriu que *qualquer número complexo não nulo (inclusive os reais) tem exatamente* n *raízes enésimas*. Sem dúvida esse resultado aguçou os ânimos de muitos matemáticos da época, pois desde o tempo de Cardano já se sabia que as equações de $3°$ grau tinham três raízes e as de $4°$ grau, quatro. Assim, com os resultados descobertos por Euler, muitos matemáticos passaram a fazer conjecturas, ainda que não conseguissem provar, que as equações polinomiais de grau *n* tinham exatamente *n* raízes.

Ainda na obra de Garbi (1997), são discutidas as enormes contribuições que Carl Friedrich Gauss, nascido em 1777 na Alemanha, trouxe para a teoria das equações. Uma dessas contribuições foi, exatamente, a primeira demonstração plenamente satisfatória para o Teorema Fundamental da Álgebra – *toda equação polinomial com coeficientes reais ou complexos e de grau* n, n > 0, *tem pelo menos uma raiz complexa*. Ao demonstrar que as equações polinomiais de grau *n* têm ao menos uma raiz complexa, Gauss demonstrou que *elas têm exatamente* n *raízes, sendo* n *o grau do respectivo polinômio*. Utilizando-se a raiz complexa encontrada e conhecimentos de Álgebra elementares, consegue-se reescrever o polinômio original por outro de grau n-1 e aplica-se o resultado do teorema novamente, verificando-se que o polinômio original tem exatamente *n* raízes.

Assim, a partir da demonstração do Teorema Fundamental da Álgebra, foi possível deduzir relações muito importantes entre os coeficientes e as raízes de qualquer equação algébrica como, por exemplo, que *toda equação polinomial de coeficientes reais e de grau ímpar tem pelo menos uma raiz real*, uma vez que (1) se a equação tem exatamente n raízes; (2) se n é ímpar; (3) se as raízes complexas sempre aparecem aos pares, é fato que, nesse caso, ao menos uma raiz é real.

Outro importante resultado para o estudo das equações algébricas, que também tomou por base o Teorema Fundamental da Álgebra, foi o Teorema de Bolzano, matemático tcheco que viveu na mesma época que Gauss. Tal teorema indica que: *Dados uma equação algébrica de coeficientes reais em sua forma canônica, P(x) = 0, e dois números reais a e b (a<b), se P(a) e P(b) tiverem o mesmo sinal, o número de raízes reais da equação (eventualmente repetidas) será par dentro do intervalo (a,b); se P(a) e P(b) tiverem sinais opostos, o número de raízes reais da equação (eventualmente as repetidas) será ímpar dentro do intervalo (a,b).*

Chegamos a Niels Henrik Abel, nascido em 1802, na Noruega. Abel, ainda enquanto estudante, pensou ter encontrado a solução geral das equações quínticas. Contudo, ele mesmo percebeu um erro em sua demonstração e, mais tarde, em 1824, publicou o artigo "Sobre a resolução de equações algébricas", no qual deu a primeira prova de que era impossível estabelecer a solução da equação quíntica por meio de radicais. Ao mesmo tempo em que Abel buscava a solução desse tipo de equações, outro grande matemático, o francês Évariste Galois, também o fazia.

Nascido em 1811, Galois tinha como objetivo principal justamente determinar quando as equações polinomiais eram solucionáveis por radicais. Ainda aos 17 anos de idade, Galois cometeu o mesmo erro que Abel, quando imaginou ter encontrado a solução geral para as equações do 5º grau. Pouco tempo depois, ele publicou o artigo "Pesquisas sobre as equações algébricas de grau primo", no qual apareciam indícios daquela que seria sua maior contribuição para a Álgebra, a Teoria dos Grupos.

Galois vislumbrou os alicerces de uma forma revolucionária de se abordar as equações algébricas. Inspirado pela prova de Abel – sobre a irresolubilidade por radicais das equações quínticas – e nos trabalhos de Lagrange – sobre as permutações das raízes de uma equação polinomial –, Galois desenvolveu a Teoria dos Grupos, que permite investigar a possibilidade de resolução das equações quínticas por meio de radicais. Na teoria de Galois, encontramos um método para determinar se raízes de uma equação algébrica podem ser expressas por radicais. Contudo, a ênfase dada por esse método na teoria das equações geralmente se volta mais para a estrutura algébrica do que para o tratamento de casos específicos.

Com isso, após analisarmos os importantes trabalhos e contribuições dos matemáticos europeus do renascimento e pós-renascimento, concluímos que, da mesma forma como já havia ocorrido com os árabes e hindus, principalmente com al-Khwarizmi, as equações continuam a ser vistas por esses matemáticos dentro de um sistema *estrutural* com propriedades e características definidas. O *conceito de equação*, ao longo desse período, passa tanto pela busca de soluções gerais para as equações de 3º e 4º graus, como por responder se havia uma solução geral para as equações de 5º grau.

Percebe-se que, a partir de Descartes, as equações passam a ser um campo de objetos que necessitava de novos meios para sua organização. Por exemplo, observa-se que após a descoberta das fórmulas gerais para a resolução das equações de terceiro e quarto graus houve uma modificação no rumo das investigações, uma vez que a pergunta investigada deixou de ser "qual é o algoritmo de resolução da forma canônica?", passando para "será que existe tal algoritmo e quais são as condições para sua existência?".

É certo que, para buscar resposta a essa nova questão, as equações continuaram sendo tratadas com o mesmo caráter estrutural apresentado por seus antecessores. Abel e Galois, por exemplo, ao tomar como objeto de investigação a estrutura do processo de resolução das equações, acabaram por demonstrar que não existia um algoritmo capaz de resolver, por meio de radicais, as equações de grau superior a quatro.

O conceito de função ao longo da história da Matemática

Para tecer considerações sobre a introdução do conceito de função na história da Matemática, temos que, primeiramente, esclarecer o que estamos entendendo como função. Se pensarmos nas definições que hoje aparecem em livros didáticos do ensino fundamental ou médio, ou mesmo nas obras estudadas em disciplinas matemáticas de cursos superiores, temos sua origem localizada pelo menos no século XIX. Se, no entanto, pensarmos em representações para a ideia de função, como tabelas ou gráficos, mesmo que a palavra "função" não tenha sido empregada, podemos retroceder até a época dos babilônios, em que suas tabelas foram a base para desenvolvimentos subsequentes sobre Astronomia.

Desde a chamada "Matemática pré-helênica", desenvolvida nas civilizações do Egito, Mesopotâmia, China e Índia, pode-se considerar que há algumas manifestações que contêm implicitamente a noção de função. Ponte (1992), bem como Vázquez, Rey e Boubée (2008), citam, entre essas, as correspondências entre conjuntos de objetos e de números, envolvidas no processo de contagem; as quatro operações aritméticas; as tábuas babilônicas, apresentando resultados de multiplicações, divisões, quadrados, cubos e raízes; a soma dos números pitagóricos; o uso da regra de três, simples e composta.

Eves (2004) aponta que, por volta do ano 2000 a.C., os babilônios já utilizavam tabelas hexadecimais para calcular valores de quadrados e cubos de números inteiros de 1 a 30. Com a linguagem atual, podemos considerar que eles calculavam valores das funções $f(n) = n^2$ e $g(n) = n^3$, para n natural entre 1 e 30. No entanto, faltava aos babilônios, como a muitos outros povos que estudaram dependências entre quantidades, a generalização desses casos particulares.

Também foi na Grécia, no período entre 600 e 500 a.C., que os pitagóricos descobriram as leis simples que regem a harmonia musical. Ou seja, eles notaram que o som produzido por uma corda distendida depende do seu comprimento. Podemos considerar, então, que a escola pitagórica já conhecia a interdependência entre quantidades físicas. O uso sistemático de uma tabela de cordas de um círculo, devido a Hiparco, e as tabelas trigonométricas de Ptolomeu, que apareceram em sua obra *Almagesto*, são indícios de que os gregos trataram de problemas que tinham implícita a noção de função, mas a falta de simbolismo os impediu de desenvolver a ideia de funcionalidade. Youschkevitch (1976) considera, no entanto, que há uma grande distância entre as ideias de funções particulares e a "emergência do conceito de uma função em um ou outro grau de generalidade" (p. 43).

Na Matemática árabe, não houve, segundo Youschkevitch (1976), novos desenvolvimentos da noção de função. Apenas são citados métodos de tabulação para funções trigonométricas e o estudo de raízes positivas de polinômios cúbicos por meio de sessões cônicas.

Boyer (1978) conta que na Idade Média, por volta de 1350, havia discussões sobre a quantificação de "formas variáveis", um conceito de Aristóteles equivalente a qualidades. Entre essas formas estavam incluídas a velocidade de um objeto em movimento e a variação de temperatura, de um ponto a outro, de um objeto com temperatura não uniforme. Hoje não temos dúvidas em pensar na velocidade de um objeto em movimento como função do tempo, mas naquela época as discussões eram intermináveis, pois o conceito de função ainda não tinha sido formulado.

Ainda nessa época, destaca-se o bispo francês Nicole Oresme (1323-1382), que, ao desenvolver um gráfico para mostrar um corpo se movendo em velocidade uniforme, apresentou, conforme Boyer (1978), uma primeira sugestão para representação gráfica de funções.

No período moderno, que começa no final do século XVI, a emergência da função como "uma entidade matemática individualizada" (PONTE, 1992, p. 2) pode ser relacionada ao começo do cálculo infinitesimal. É com Descartes (1596-1650) que surge a ideia de expressar uma função em sua forma analítica, visto que ele "utilizou-se de equações em x e y para introduzir uma relação de dependência entre quantidades variáveis, de modo a permitir o cálculo de valores de uma delas, a partir dos valores da outra" (ZUFFI, 2001, p. 11).

Mas o que hoje se aceita como noção de função foi, efetivamente, criado por Newton (1642-1727) e Leibniz (1646-1716), que desenvolveram, independentemente, o cálculo diferencial e integral. É importante notar que os objetos de estudo do cálculo não eram as funções, mas a noção de curva e as taxas de variação de quantidades que mudavam continuamente. Foi Leibniz que usou, pela primeira vez, o termo "função", em 1673, para designar em termos gerais "a dependência de quantidades geométricas tais como subtangentes e subnormais no desenho de uma curva" (PONTE, 1992, p. 2), introduzindo, também, os termos "constante", "variável" e "parâmetro".

No século XVIII, Euler (1707-1783) definiu função como uma "expressão analítica", mas a falta de precisão no uso dessa formulação levou a incoerências, até que, na terminologia atual, fosse entendido que a definição de Euler incluía só um subconjunto restrito das funções contínuas.

Uma controvérsia sobre o chamado "problema da corda vibrante", para o qual foram propostas soluções por D'Alembert, Euler e Bernoulli, permitiu que o conceito de função fosse estendido para permitir a inclusão de funções definidas por expressões analíticas por partes e funções que tinham gráfico, mas não tinham expressão analítica (Vázquez, Rey, Boubée, 2008).

Além desses matemáticos, ainda são citados, pelos historiadores da Matemática, Fourier (1769-1830), Dirichlet (1805-1859), Cantor (1845-1919) e o grupo Bourbaki. Fourier, ao estudar o fluxo de calor em corpos materiais, considerou as funções de duas variáveis e supôs que fosse possível obter o desenvolvimento de qualquer função em uma série trigonométrica, em um intervalo apropriado. Dirichlet estabeleceu condições suficientes para que uma função fosse representada por uma série de Fourier e Cantor, e com o desenvolvimento da Teoria dos Conjuntos, produziu uma nova evolução do conceito de função, exigindo que satisfizesse a condição de unicidade entre conjuntos, numéricos ou não. Finalmente, o grupo Bourbaki, em 1939, estabeleceu a definição que hoje é aceita pela comunidade matemática:

> Sejam E e F dois conjuntos, distintos ou não. Uma relação entre uma variável x de E e uma variável y de F é dita *relação funcional em y se, qualquer que seja x ∈ E, existe um elemento y de F e um só, que esteja na relação considerada com x.* Dá-se o nome de *função* à operação que associa, assim, a todo elemento x ∈ E o elemento y ∈ F que se encontra na relação dada com x; diz-se que y é o *valor* da função para o elemento x e que a função é *determinada* pela relação funcional considerada (Bourbaki, 1970, E.R.5, §2, grifos do original).

Ponte (1992) considera que o conceito de função é um dos mais importantes em toda a Matemática e as funções são excelentes ferramentas para o estudo de problemas de variação e para aplicações da Matemática que pressupõem a noção de modelo, constituído por variáveis, relações entre elas e suas respectivas taxas de variação.

Uma síntese do desenvolvimento dos conceitos de equação e de função

Ao longo da secção anterior fomos identificando e percebendo as diferentes maneiras como os conceitos de equação e de função foram concebidos e utilizados pelos diferentes povos, em cada época histórica. Resumidamente, temos:

- **Babilônios e egípcios:** trabalhavam com equações que em sua maior parte eram originárias de problemas de ordem prática. O *conceito de equação* tinha basicamente um *caráter pragmático* e, de *forma intuitiva*, esses povos igualavam duas quantidades com a finalidade de encontrar o valor da quantidade desconhecida. Na maior parte das vezes, a *busca pelas soluções* estava relacionada a *equações particulares*, para resolver *problemas específicos*, cujos *métodos* empregados estavam relacionados a *ideias aritméticas*, sem a preocupação de se encontrar soluções gerais. No caso das funções, havia apenas uma ideia implícita, seu uso apoiava-se em problemas práticos, haja vista que buscavam elementos que auxiliassem na resolução de problemas cotidianos. Assim, o significado de função que se revela nesses povos é o de *relação*.

- **Gregos:** para eles, as equações eram concebidas de maneira diferente dos babilônios e egípcios, uma vez que os gregos não estavam procurando resolver equações que tinham sido originadas de problemas de ordem prática. O *conceito de equação* contemplava um *caráter geométrico* e a busca pelas soluções acontecia de *forma dedutiva* e repousavam em manipulações geométricas. Percebe-se que, ainda que tenha ocorrido uma *mudança de concepção* acerca da Álgebra nesse período – de *aritmética*, nos babilônios e egípcios, para *geométrica*, nos gregos – a *busca pelas soluções* ainda estava relacionada a *equações particulares* e não a métodos gerais. Também a noção implícita de função nos gregos ligava-se a casos particulares, de descobertas de leis de interdependência entre quantidades físicas, mas o significado, nesse caso, está relacionado à ideia de *funcionalidade*.

- **Árabes e hindus:** trabalhavam tanto com *equações originárias de problemas de ordem prática*, como com *situações* que recaíam em interpretações e manipulações *geométricas*. O *conceito de equação* passa a ter um *caráter mais algébrico, mais generalista*, uma vez que se passa de um catálogo de expressões que se sabia resolver para um catálogo de todas as formas canônicas possíveis. Percebemos uma *preocupação na busca de formas canônicas*, como fez al-Khwarizmi ao estabelecer todas as possibilidades para o que conhecemos por trinômios de grau não superior a 2. Por outro lado, Khayyam já tinha uma *concepção de equação* mais relacionada a um *caráter geométrico*, interpretando as soluções das *equações* como a intersecção de *curvas geométricas*. A Matemática dos árabes e hindus, por seu caráter algébrico, não trouxe, segundo Youschkevitch (1976), contribuições significativas para o desenvolvimento da noção de função.

- **Europeus:** à época, as *equações* eram vistas dentro de um sistema *estrutural* com propriedades e características bastante definidas. A equação passa a ser considerada em si própria, operando-se sobre ela com a *finalidade* de se encontrar *soluções gerais*. Observa-se ainda que, após a descoberta das fórmulas gerais para a resolução das equações de 3° e 4° graus, há uma modificação no rumo das investigações, e a nova questão que norteia as investigações passa para: será que existe algoritmo para resolver equações com grau superior a 4? Nessa nova direção, as equações continuaram sendo tratadas com o mesmo *caráter estrutural*, até que Galois encerra a discussão fornecendo condições de se decidir quando essas equações são solucionáveis por radicais. As funções, que foram, efetivamente, estudadas no período moderno, já trouxeram, embutidas nas obras de Descartes, Newton e Leibniz, um significado de *variação funcional* e de *lei algébrica*, reforçado pela definição apresentada pelo grupo Bourbaki, que caracteriza o *conceito formal*.

Assim, entendemos que seja possível verificar, no estudo que apresentamos, evidências de que – durante muitas décadas – o principal objeto de investigação em Álgebra foi o estudo das equações algébricas. Entretanto, percebe-se ainda que houve, ao longo da história da Álgebra, uma mudança significativa na natureza do objeto de investigação desse campo de conhecimento matemático – o estudo das equações perde o foco de atenção dos matemáticos para o estudo das estruturas matemáticas. A partir dessa perspectiva, podemos dizer que tivemos dois grandes momentos históricos: Álgebra Clássica ou Elementar (antes da mudança de foco) e Álgebra Moderna ou Abstrata (após a mudança de foco).

Uma conclusão que emana das reflexões propiciadas por nosso estudo permite-nos apresentar ao menos três formas diferentes de se conceber equação: uma relacionada a um *caráter pragmático*, outra relacionada a um *caráter geométrico* e uma terceira relacionada a um *caráter estrutural*.

No estudo das funções, se pensarmos no período a partir do qual foram efetivamente estudadas, destacam-se os significados de *lei algébrica* e *conceito formal*, ainda que, como foi mostrado na pesquisa de Machado (1998), também coexistam, até hoje, entre os alunos, os significados relacionados à *ordem* e à *proporcionalidade*.

Capítulo III

Os documentos, os exames e as produções que abordam o ensino de equações e de funções

Entre as investigações atuais sobre o ensino de Matemática, algumas se propõem a discutir o conhecimento do professor, suas dificuldades e necessidades. Ball, Thames e Phelps (2008), com base na clássica categorização de Shulman (1986) para o conhecimento do professor, definem "conhecimento matemático para o ensino" como "o conhecimento matemático necessário para levar adiante o trabalho de ensinar matemática" (p. 395). Os autores subdividem esse conhecimento em: *conhecimento comum do conteúdo, conhecimento especializado do conteúdo, conhecimento do conteúdo e dos estudantes* e *conhecimento do conteúdo e do ensino*.

O *conhecimento comum do conteúdo* é aquele que engloba conceitos, propriedades e exemplos, ou seja, é o conhecimento específico, aprendido em cursos de ciências exatas. O *conhecimento especializado do conteúdo* compreende os conhecimentos e habilidades matemáticas exclusivos do professor, como, por exemplo, distinguir entre as diferentes representações das funções e saber usá-las na modelagem de situações do cotidiano.

O *conhecimento do conteúdo e dos estudantes* combina o que é necessário saber sobre Matemática e sobre as dificuldades e o pensamento dos alunos nessa disciplina, para planejar tarefas que partam de suas dificuldades e possam ser discutidas com eles. A última categoria, *conhecimento do conteúdo e do ensino*, combina o conhecimento sobre a Matemática com o conhecimento sobre como ensinar tal conteúdo, como propor novas questões ou novas tarefas para os alunos.

Ball, Thames e Phelps (2008) ainda discutem como posicionar a categoria denominada *conhecimento curricular*, proposta previamente por Shulman (1986) e, em uma figura ilustrativa dos domínios do conhecimento matemático para o ensino, propõem que seja, provisoriamente, inserida no *conhecimento pedagógico do conteúdo*. No entanto, Shulman (1986) foi bastante claro ao considerar que o professor deve ter familiaridade com os materiais que seus alunos utilizam (como os livros didáticos, por exemplo), com as orientações sobre o que ensinar e com as alternativas que se abrem para o ensino de um determinado tópico (como as experiências relatadas em dissertações ou artigos).

No mesmo trabalho, Ball, Thames e Phelps (2008), por outro lado, expandem as ideias de Shulman sobre as habilidades que deve ter o professor para relacionar os conteúdos que leciona com outros tópicos estudados pelos alunos, propondo, então, uma nova categoria para o conhecimento do conteúdo, o *conhecimento horizontal do conteúdo*, que se refere ao conhecimento geral do que foi previamente ensinado e do que será nos anos seguintes. Assim, o *conhecimento horizontal do conteúdo* matemático é fundamental para a transição entre os anos iniciais e finais do ensino fundamental, bem como na passagem deste para o ensino médio e do médio para o superior.

Mas o conhecimento matemático para o ensino não é adquirido apenas nas salas de aula dos cursos de licenciatura, visto que ainda há dificuldades para superar o modelo "3+1";[3] os professores também encontram orientações nos documentos oficiais, que trazem sugestões de conteúdos e metodologia, nas avaliações de larga escala, que mostram o que é esperado dos estudantes dos diferentes níveis de ensino, bem como nas dissertações, teses e artigos que lhes são disponibilizados para leituras.

---

[3] Conforme Moreira e David (2005), o modelo "3+1" é o que agrupa os conhecimentos específicos nos três primeiros anos da licenciatura em Matemática e deixa para o último ano os conhecimentos pedagógicos.

A orientação seguida pelos professores de Matemática no Brasil ancora-se, em grande parte, nos livros didáticos disponibilizados pelo Ministério da Educação, por meio do Programa Nacional do Livro Didático (PNLD). Este, por sua vez, pauta-se em diretrizes baseadas na Lei de Diretrizes e Bases da Educação Nacional (LDBEN) e nos Parâmetros Curriculares Nacionais (PCN). Como não há uma distribuição rígida dos conteúdos programáticos nas redes pública e privada do país, os tópicos relacionados a equações ou funções podem ser encontrados em diferentes anos do ensino fundamental ou no médio, dependendo da profundidade com que são tratados os temas.

Em termos metodológicos, os PCN sustentam que a prática mais frequente em sala de aula consiste em ensinar um conceito e depois apresentar um problema para cuja solução o aluno empregue o referido conceito. Posicionando-se contrário a essa prática, os PCN apresentam a resolução de problemas como abordagem preferencial para o ensino de Matemática e consideram que se deve partir de um problema para que, nas tentativas de resolvê-lo, o aluno se aproxime sucessivamente do conceito que, posteriormente, será sistematizado. Outros recursos metodológicos mencionados nos PCN são o uso da história da Matemática, de jogos e das Tecnologias de Informação e Comunicação (TIC).

Ao apresentar os conteúdos em blocos, os PCN alertam para o fato de que o detalhamento dos conteúdos pode sofrer reinterpretações nos estados e municípios e mesmo nas escolas, mas enfatizam a necessidade de apresentá-los de forma articulada.

Os PCN de Matemática para os quatro primeiros anos do ensino fundamental (BRASIL, 1997) indicam que, embora seja possível desenvolver uma "pré-Álgebra" nesses anos iniciais, é nos anos finais que, efetivamente, vai ser abordada a modelagem de situações-problema, que poderão ser resolvidas por meio de equações, por exemplo.

Um documento que é bastante citado em estudos sobre o ensino de Matemática e que foi usado, originalmente, na elaboração dos PCN é constituído pelos Princípios e Normas para a Matemática Escolar,[4] publicado pelo Conselho Nacional de Professores de Matemática

---

[4] *Principles and Standards for School Mathematics.*

(NCTM) dos Estados Unidos e traduzido pela Associação de Professores de Matemática de Portugal (APM, 2007). Esse documento traz "normas de conteúdo", em que os blocos são semelhantes aos apresentados para os anos finais do ensino fundamental brasileiro: Números e operações, Álgebra, Geometria, Medida, Análise de dados e Probabilidade. Também há "normas de processo", que enfatizam as maneiras de adquirir e utilizar os conhecimentos sobre os conteúdos. Não há divisão de conteúdos pelos diferentes ciclos de aprendizagem, visto que o documento considera que as áreas de conteúdo se sobrepõem e se integram.

Segundo esses Princípios e Normas para a Matemática Escolar, é esperado que o aluno seja capaz, ao final do 5º ano,[5] de expressar relações matemáticas através de equações, mas não são enfatizados os métodos de resolução dessas equações. Para o ensino do 6º ao 8º anos, especificamente em Álgebra, nota-se a ênfase na compreensão de padrões, relações e funções. São mencionados os recursos tecnológicos para representações gráficas, auxiliando o aluno a concentrar-se na utilização de funções para modelar situações-problema que envolvem variação.

Já os PCN de Matemática para o terceiro e quarto ciclos do ensino fundamental (Brasil, 1998) indicam o estudo de "relações funcionais pela exploração de padrões em sequências numéricas" (p. 68), mas não consideram desejável um aprofundamento das operações com expressões algébricas e equações no 3º ciclo (6º e 7º anos). É somente no 4º ciclo (8º e 9º anos) que é sugerida a exploração de atividades que levem o aluno a desenvolver o pensamento algébrico, resolvendo situações-problema por meio de equações, observando regularidades e estabelecendo leis que expressem a relação de dependência entre variáveis, ou seja, trabalhando com funções.

O texto menciona, como fundamental para o trabalho com Álgebra nesse último ciclo,

> [...] a compreensão de conceitos como o de variável e de função;
> a representação de fenômenos na forma algébrica e na forma

---

[5] Ainda que distribuído de forma diferente, em termos de ciclos, o ensino nos Estados Unidos vai do 1º ao 12º ano, correspondendo, assim, aos doze anos de escolarização brasileiros.

gráfica; a formulação e a resolução de problemas por meio de equações (ao identificar parâmetros, incógnitas, variáveis) e o conhecimento da "sintaxe" (regras para resolução) de uma equação (Brasil, 1998, p. 84).

O mesmo documento aponta que as diferentes concepções de Álgebra deveriam ser abordadas pelos professores nesses anos finais do ensino fundamental, para que o aluno "desenvolva e exercite sua capacidade de abstração e generalização, além de lhe possibilitar a aquisição de uma poderosa ferramenta para resolver problemas" (p. 115), ainda que não seja esclarecido o que é entendido como "concepções de Álgebra".

Também é bastante enfatizada, nesse documento, a importância de propor situações que levem o aluno a investigar padrões, tanto em sequências numéricas como em representações geométricas, construindo "a ideia de Álgebra como uma linguagem para expressar regularidades" (p. 117).

Outra observação constante desses PCN é relativa à noção de variação, pouco explorada no ensino fundamental, mas que, trabalhada por meio de problemas, poderia levar o aluno a compreender a noção de função, não como uma definição estanque ou uma fórmula, mas como uma ferramenta para resolver uma situação-problema. É nesse contexto que é mencionado o uso de tecnologia para o ensino de funções.

Fazendo parte das políticas do Ministério da Educação para a educação básica, encontram-se os *Guias do Livro Didático*, nas suas últimas versões, para os *Anos Finais do Ensino Fundamental* (Brasil, 2010) e para o *Ensino Médio* (Brasil, 2011). Pela apresentação das dez coleções de livros aprovados para os anos finais do ensino fundamental, nota-se que os conteúdos "equações" e "funções" são distribuídos nos 7º, 8º e 9º anos. No entanto, nesse nível de ensino são enfocadas as funções lineares e quadráticas, ficando para o ensino médio o estudo mais aprofundado desse conteúdo.

Os *Parâmetros Curriculares para o Ensino Médio* (Brasil, 2002), bem como as *Orientações Curriculares para o Ensino Médio* (Brasil, 2006), apontam possíveis abordagens para o ensino de funções e equações. Nas Orientações Curriculares, lemos que, ao final do ensino médio,

> [...] espera-se que os alunos saibam usar a Matemática para re-
> solver problemas práticos do quotidiano; para modelar fenô-
> menos em outras áreas do conhecimento; compreendam que a
> Matemática é uma ciência com características próprias, que se
> organiza via teoremas e demonstrações; percebam a Matemática
> como um conhecimento social e historicamente construído; sai-
> bam apreciar a importância da Matemática no desenvolvimento
> científico e tecnológico (BRASIL, 2006, p. 69).

Nesses documentos, é sugerido que as funções não sejam estudadas isoladamente, mas inseridas em um contexto de conhecimentos
diversificados, tanto da própria Matemática como de outras áreas.
Em síntese, podem ser trabalhadas as funções lineares ou quadráticas, no estudo da Geometria Analítica; as progressões aritméticas
ou geométricas, que são casos particulares de funções; as funções
trigonométricas, exponenciais, logarítmicas, bem como o estudo de
polinômios e equações algébricas, "enriquecendo o enfoque algébrico
que é feito tradicionalmente" (BRASIL, 2002, p. 42).

Mas é especialmente no aspecto gráfico que esses documentos
reforçam a importância do estudo de funções, para poder trabalhar
com as representações de funções que surgem em diversas ciências,
como a Física, a Química, a Biologia, a Economia, entre muitas outras.
E para esse trabalho, faz-se útil o uso de ferramentas tecnológicas,
principalmente os softwares matemáticos de livre acesso, que podem
ser disponibilizados para os alunos em laboratórios de Matemática
ou nas próprias salas de aula.

Tomaz e David (2008, p. 17) comentam essas orientações dos
PCN em prol da interdisciplinaridade e da contextualização, mas
alertam para o fato de que "a organização do trabalho escolar nos
diversos níveis de ensino baseia-se até hoje na constituição de disciplinas, que se estruturam com certa independência [...]".

Nos *Princípios e Normas para a Matemática Escolar*, especificamente na parte relativa à Álgebra para 9º a 12º anos (APM, 2007), são
apresentadas as habilidades esperadas dos alunos e entre elas citamos,
pela semelhança com os documentos brasileiros para o ensino médio,
a compreensão de padrões, relações e funções; a representação e análise
de situações e estruturas matemáticas com uso de símbolos algébricos;

o uso de modelos matemáticos para representar e compreender relações quantitativas e a análise da variação, em diversas áreas. Há várias sugestões para o trabalho em sala de aula, mas também são enfatizadas a necessidade de usar tecnologia e de aproveitar os exemplos cotidianos desses conteúdos, citados na mídia, especialmente quanto à variação e gráficos.

No *Guia do Livro Didático para o Ensino Médio* (BRASIL, 2011), os tópicos de Matemática foram divididos em seis campos: Números e operações; Funções; Equações algébricas; Geometria Analítica; Geometria; Estatística e probabilidades. Nos gráficos que indicam a distribuição dos conteúdos por ano, nota-se que no primeiro ano é grande a ênfase no estudo de funções e bem pequena a parte referente a equações algébricas. Já no segundo ano, é quase igual a proporção entre esses dois campos, e no terceiro aumenta a ênfase nas equações algébricas e diminui bastante o enfoque nas funções.

O Guia traz uma parte introdutória em que orienta os professores sobre os tópicos que são abordados nos livros, criticando aspectos que, segundo os avaliadores, mereceriam maior atenção. Por exemplo, a diferença de proporção entre os campos, nos três anos do ensino médio, merece um alerta: "Essa tendência merece cuidado especial do professor no planejamento anual do trabalho didático, pois ela dificulta o estabelecimento de conexões entre os conteúdos matemáticos" (BRASIL, 2011, p. 21).

Já no estudo de funções, é comentada a necessidade de representá-las de diferentes modos – representação analítica, por tabela ou por gráfico – e de estabelecer relações entre elas:

> Frequentemente, um problema inicialmente formulado de maneira algébrica pode ser mais facilmente resolvido ou compreendido se o interpretarmos geometricamente, e vice-versa. Por exemplo, a simetria axial presente nas funções quadráticas é facilmente perceptível no gráfico e, no entanto, pode exigir esforço de cálculo quando se trabalha com sua representação algébrica (BRASIL, 2011, p. 30-31).

Quanto às equações algébricas, os livros aprovados mantêm o estudo de matrizes para representar e solucionar equações, mas todas as coleções privilegiam a resolução de sistemas lineares pelo método do escalonamento.

Em face de tantos exemplos de documentos disponibilizados para os professores de Matemática, é de se questionar a razão pela qual ainda temos tantas dificuldades no ensino e na aprendizagem dessa disciplina. Como são avaliados os alunos em relação aos conhecimentos e habilidades desenvolvidas na educação básica? Na maior parte das vezes, os resultados das avaliações de larga escala são apresentados na mídia, são discutidos por algum tempo, mas não se tem uma análise da relação entre as questões apresentadas e as orientações didático-pedagógicas contidas nos documentos oficiais.

Vamos, a seguir, trazer alguns exemplos de exames, nacionais e internacionais, para posteriormente discutir aspectos que merecem atenção por parte dos professores, das direções de escolas e também dos responsáveis pelos cursos que formam os professores de Matemática, em nível inicial ou continuado. Utilizaremos as ideias de perfil conceitual de equação e de função para compreender se e como as questões a seguir contemplam os diferentes significados que os conceitos de equação e de função podem assumir no contexto escolar.

Os conceitos de equação e de função fazem parte das avaliações de larga escala e também de provas de seleção, tanto no Brasil como em outros países. Esses mesmos conteúdos têm sido objeto de pesquisa, tanto de investigadores nacionais como internacionais, mostrando as dificuldades no seu ensino e aprendizagem. Para discutir os tipos de questões que encontramos, vamos apresentar alguns exemplos de exames variados.

Em relação ao Sistema de Avaliação da Educação Básica (SAEB), encontramos, na *Matriz de Referência* para 8ª série/9º ano do ensino fundamental, relativos ao tema III, "Números e operações/Álgebra e funções", os seguintes descritores:[6]

> D31 – Resolver problema que envolva equação de segundo grau.
>
> D33 – Identificar uma equação ou uma inequação de primeiro grau que expressa um problema.
>
> D34 – Identificar um sistema de equações do primeiro grau que expressa um problema (Brasil, s.d., p. 2).

---

[6] Descritores são elementos que *descrevem* as habilidades que serão avaliadas nos itens.

Como exemplo de questão que avalia o descritor D34, temos, na prova do SAEB do 9º ano:[7]

João e Pedro foram a um restaurante almoçar e a conta deles foi de R$ 28,00. A conta de Pedro foi o triplo do valor de seu amigo. O sistema de equações do 1º grau que melhor traduz o problema é:

(A) $\begin{cases} x + y = 28 \\ x - y = 7 \end{cases}$

(B) $\begin{cases} x + y = 28 \\ x = y \end{cases}$

(C) $\begin{cases} x + y = 28 \\ x = 3y \end{cases}$

(D) $\begin{cases} x + y = 28 \\ x = y + 3 \end{cases}$

Observamos na questão apresentada acima que, embora o enunciado pareça favorecer o trabalho com a zona pragmática do perfil conceitual de equação, discutido anteriormente, ao considerarmos as alternativas, notamos que a questão se insere na zona processual do perfil, ou seja, o aluno encontrar a escrita algébrica do problema anteriormente proposto.

Tomando-se por base os resultados da Prova Brasil/SAEB (BRASIL, 2011), ainda que os índices apontem para um crescimento no desempenho dos estudantes, os quais obtiveram notas de 250,6 e de 273,6, ao final dos ensinos fundamental e médio, respectivamente, numa escala que vai até 400, identifica-se ainda uma grande lacuna na formação desses alunos em Matemática. No caso específico da Álgebra, a partir dos resultados apresentados pelo Instituto de Estudos e Pesquisas Educacionais Anísio Teixeira (INEP), observa-se que os estudantes não dominam competências como: 1) identificar um sistema de equações do 1º grau que

---

[7] Disponível em: <http://download.inep.gov.br/educacao_basica/prova_brasil_saeb/menu_do_professor/exemplos_de_questoes/M08_Saeb_site_FP.pdf>.

expressa um problema; 2) resolver equações do 1º grau com uma incógnita; 3) resolver problemas que envolvam equação do 2º grau; 4) identificar a relação entre as representações algébrica e geométrica de um sistema de equações do 1º grau; 5) identificar, em um gráfico de função, o comportamento de crescimento/decrescimento; 6) identificar o gráfico de uma reta dada sua equação; dentre outras.

Já no documento do *Plano Nacional de Educação* (PNE),[8] encontramos a matriz de referência para o ensino médio e, no mesmo tema III, o descritor D17: "Resolver problema envolvendo equação do 2º grau" (BRASIL, 2008).

Quanto a esse descritor, o mesmo documento, na p. 103, apresenta um exemplo de questão:

Em um terreno retangular de 10 m x 12 m, deseja-se construir um jardim com 80 m² de área, deixando uma faixa para o caminho (sempre de mesma largura), como mostra a figura.

A largura do caminho deve ser de:

(A) 1 m   (B) 1,5 m   (C) 2 m   (D) 2,5 m   (E) 3 m

Esse tipo de questão é abordado também no site do Gabinete de Avaliação Educacional do Ministério da Educação e Ciência de Portugal (GAVE), que apresenta um banco de exames e provas com questões dos exames aplicados no país em diferentes conteúdos e séries. Consultando a prova final do 3º ciclo do ensino básico[9] (que

---

[8] Disponível em: <http://download.inep.gov.br/educacao_basica/prova_brasil_saeb/menu_do_professor/cadernos/saeb_matriz.pdf>.

[9] Disponível em: <http://bi.gave.min-edu.pt/exames/download/PF-Mat92-Ch1-2012.pdf?id=4832>.

corresponde, no Brasil, ao período do 7º ao 9º ano do ensino fundamental), encontramos, na p. 7, a seguinte questão:[10]

Na Figura 1 está representada a maqueta de um terreno plano, de forma quadrada, que tem uma parte em cimento, também de forma quadrada, e uma parte relvada. Na Figura 2, está uma representação geométrica dessa maqueta.

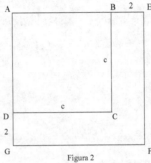

Figura 1 Figura 2

Sabe-se que:

- *[ABCD] e [AEFG] são quadrados.*
- *O ponto B pertence ao segmento de reta [AE]*
- *O ponto D pertence ao segmento de reta [AG]*
- *O lado do quadrado [AEFG] mede mais 2 metros do que o lado do quadrado [ABCD].*

Seja c o comprimento, em metros, do lado do quadrado [ABCD]. Explica o que representa a expressão $(c + 2)^2 - c^2$, no contexto da situação descrita.

Parece-nos que essa questão apresenta algumas dificuldades, se comparada à do PNE, porque traz muitos elementos que poderiam ser apenas indicados na figura. No entanto, a pergunta é mais imediata, porque não exige que o respondente deduza uma fórmula, apenas que indique o significado da expressão apresentada. Entendemos que as questões acima apresentadas favorecem o trabalho com a zona geométrica do perfil conceitual de equação, uma vez que o conceito

---

[10] Copiamos a questão como estava apresentada no documento do site, tanto em termos de palavras como de notações para elementos geométricos.

de equação surge num contexto relacionado a ideias e procedimentos da geometria.

No entanto, no mesmo exame, encontramos nas p. 8 e 9, respectivamente, as seguintes questões:

Questão 8: Resolve a equação $(x + 2)^2 = 3x^2 + 2x$ e apresenta os cálculos que efetuares.

Questão 9: Resolve o sistema de equações seguinte.

$$\begin{cases} x - \dfrac{y-1}{2} = 3 \\ 3x - y = 6 \end{cases}$$

Apresenta os cálculos que efetuares.

Nessas duas questões, somente o cálculo é exigido, não há qualquer contextualização, remetendo assim, à zona processual de nosso perfil conceitual de equação, uma vez que somente habilidades procedimentais são exigidas dos alunos.

No Brasil, buscando questões propostas em exames para alunos de graduação ou pós-graduação, temos as provas do Exame Nacional de Desempenho de Estudantes (ENADE) e as do Mestrado Profissional em Matemática, em Rede Nacional (PROFMAT), coordenado pela Sociedade Brasileira de Matemática.

No ENADE de 2005,[11] na prova para os licenciandos em Matemática, encontramos a questão 23, na p. 10:

A respeito da solução de equações em estruturas algébricas, assinale a opção incorreta.

A) Em um grupo (G, •), a equação a•X = b tem solução para quaisquer a e b pertencentes a G.

B) Em um anel (A, +, •), a equação a + X = b tem solução para quaisquer a e B pertencentes a A.

C) Em um anel (A, +, •), a equação a•X = b tem solução para quaisquer a e b pertencentes a A.

---

[11] Disponível em: <http://download.inep.gov.br/download/enade/2005/provas/MATEMATICA.pdf>.

D) *Em um corpo (K, +, •), a equação a•X = b tem solução para quaisquer a e b pertencentes a K, a≠ 0.*

E) *Em um corpo (K, +, •), a equação a•X + b = c tem solução para quaisquer a, b e c pertencentes a K, a≠0.*

Esse é o tipo de questão que não mostra relação com qualquer contexto real, não matemático, visto que apenas o conhecimento do conteúdo é solicitado. Notamos aqui apenas a presença da zona estrutural do perfil de equação, sem se pressupor que o licenciando recorra a conhecimentos dos estudantes ou do ensino, mas unicamente ao conhecimento comum do conteúdo.

No Exame de Acesso ao PROFMAT realizado em 2012,[12] encontramos a seguinte questão:

Um grupo de pessoas gastou 120 reais em uma lanchonete. Quando foram pagar a conta, dividindo-a igualmente, notaram que duas pessoas foram embora sem deixar dinheiro e as pessoas que ficaram tiveram que pagar cinco reais a mais do que pagariam se a conta fosse dividida igualmente entre todos os membros do grupo inicial. Quantas pessoas pagaram a conta?

A) 4   B) 6   C) 7   D) 9   E) 10

Essa é uma questão mais próxima da realidade dos respondentes, exigindo ainda o conhecimento comum do conteúdo, mas também envolvendo a interpretação do problema, sua modelagem em uma equação e a resolução dessa equação. Entendemos que tal questão contempla a zona pragmática de nosso perfil conceitual de equação.

Em relação aos exames internacionais, podemos citar, por exemplo, o Programa Internacional de Avaliação de Estudantes (PISA), aplicado oficialmente no Brasil. Segundo o site do INEP,[13] o PISA é um exame internacional de avaliação comparada, que é aplicado a

---

[12] Disponível em: <http://www.profmat-sbm.org.br/docs/Exame_de_Acesso_2012_Objetivas.pdf>.

[13] Disponível em: <http://portal.inep.gov.br/pisa-programa-internacional-de-avaliacao-de-alunos>.

alunos na faixa dos 15 anos. No caderno de itens liberados do PISA 2012,[14] encontramos a seguinte questão:

Jane trabalha em uma loja de aluguel de DVDs e de jogos de videogame. Nessa loja, a anuidade dos membros custa 10 zeds.[15] O preço de locação de DVDs é menor para os membros do que para os não membros, como indica o quadro a seguir.

Preço de aluguel de DVD para os não membros	Preço de aluguel de DVD para os membros
3,20 zeds	2,50 zeds

Qual é o número mínimo de DVDs que um membro deve alugar para cobrir os custos da anuidade? Demonstre seu raciocínio.

Entre as possíveis respostas aceitas com crédito completo, exemplificadas nesse documento, estão aquela que usa raciocínio algébrico (no caso, chegar a uma equação do tipo $3{,}20x = 2{,}50x + 10$, onde x é o número de DVDs solicitado), a que usa raciocínio aritmético e a que usa tentativa e erro. Portanto, estamos face ao descritor D33, da matriz da prova do SAEB do 9º ano do ensino fundamental: "Identificar uma equação ou uma inequação de primeiro grau que expressa um problema".

Observamos aqui novamente a presença da zona pragmática do perfil conceitual de equação, uma vez que a questão contempla um contexto do "mundo real" trazido para o contexto da Matemática escolar.

Com isso, procuramos identificar, nas questões acima apresentadas, as diferentes zonas de um perfil conceitual de equação com as que apresentamos acima. Tentamos trazer, em nossos exemplos de questões, diferentes situações matemáticas que podem possibilitar o desenvolvimento de diferentes maneiras de ver e de compreender o conceito de equação, as quais estão ligadas aos contextos nos quais as equações estão inseridas.

---

[14] Disponível em: <http://portal.inep.gov.br/internacional-novo-pisa-itens>.

[15] Em todas as questões do PISA que envolvem unidades monetárias, essas são expressas na unidade "zed".

No *Plano de Desenvolvimento da Educação* (PDE), é apresentada a matriz de referência para o ensino médio (BRASIL, 2008) e, no tema III, encontramos, relativos ao conteúdo "funções", os descritores D18 a D30. Na p. 107, é apresentado um exemplo de questão relacionada ao descritor D20 ("Analisar crescimento/decrescimento, zeros de funções reais apresentadas em gráficos"):

O gráfico a seguir mostra a temperatura numa cidade da Região Sul, em um dia do mês de julho.

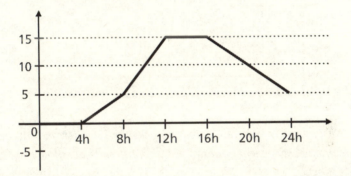

De acordo com o gráfico, a temperatura aumenta no período de:
(A) 8 às 16 h. (B) 16 às 24h. (C) 4 às 12h. (D) 12 às 16h. (E) 4 às 16h.

Essa é uma questão que envolve interpretação de gráficos, o que, no Exame Nacional do Ensino Médio (ENEM) e no PISA é bastante explorado. Apresenta um contexto, ainda que este seja apenas o pano de fundo para a análise do gráfico.

Já a matriz de referência do ENEM traz, como competência de área 6, "Interpretar informações de natureza científica e social obtidas da leitura de gráficos e tabelas, realizando previsão de tendência, extrapolação, interpolação e interpretação", apontando, como descritores:

> H24 – Utilizar informações expressas em gráficos ou tabelas para fazer inferências.
> H25 – Resolver problema com dados apresentados em tabelas ou gráficos.
> H26 – Analisar informações expressas em gráficos ou tabelas como recurso para a construção de argumentos (BRASIL, 2012a, p. 6).

No ENEM de 2012 (BRASIL, 2012b), encontramos questões contextualizadas relacionadas aos descritores H24, H25 e H26. A questão 158 do caderno amarelo (p. 25), por exemplo, solicita:

O gráfico fornece os valores das ações da empresa XPN, *no período das 10 às 17 horas, num dia em que elas oscilaram acentuadamente em curtos intervalos de tempo.*

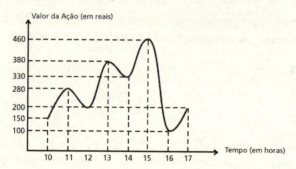

Neste dia, cinco investidores compraram e venderam o mesmo volume de ações, porém em horários diferentes, de acordo com a seguinte tabela.

Investidor	Hora da Compra	Hora da Venda
1	10:00	15:00
2	10:00	17:00
3	13:00	15:00
4	15:00	16:00
5	16:00	17:00

Com relação ao capital adquirido na compra e venda das ações, qual investidor fez o melhor negócio?

A) 1   B) 2   C) 3   D) 4   E) 5

Para conseguir analisar e solucionar essa questão, é necessário que o aluno, primeiramente, interprete corretamente o enunciado; em seguida, compare o gráfico com a tabela, para poder tirar suas conclusões. É uma questão mais elaborada do que a indicada no PNE e exige conhecimentos de diversas representações de funções, o que deveria ser desenvolvido desde o ensino fundamental, por exemplo, no trabalho com os conteúdos do bloco "Tratamento da Informação".

No caderno de itens liberados do PISA (2012), nas p. 69 a 71, encontramos uma questão que também explora gráficos, mas, tendo um enunciado mais elaborado, exige mais do solucionador. A situação-problema é apresentada e a seguir são propostas questões, das quais apenas a terceira é aqui reproduzida:

Em Zedlândia, existem dois jornais que tentam recrutar vendedores. Os anúncios a seguir mostram como eles pagam seus vendedores.

ESTRELA DE ZEDLÂNDIA	DIÁRIO DE ZEDLÂNDIA
PRECISA DE DINHEIRO EXTRA? VENDA NOSSO JORNAL	MUITO DINHEIRO POUCO TEMPO!
Você será pago: 0,20 zeds por jornal para os primeiros 240 jornais que você vender na semana, mais 0,40 zeds para cada jornal adicional vendido.	Venda o *Diário de Zedlândia* e ganhe 60 zeds por semana, mais um adicional de 0,05 zeds por jornal que você vender.

João decide se candidatar a uma vaga de vendedor. Ele precisa escolher entre o Estrela de Zedlândia e o Diário de Zedlândia. Qual dos gráficos a seguir é uma representação correta de como os dois jornais pagam seus vendedores?

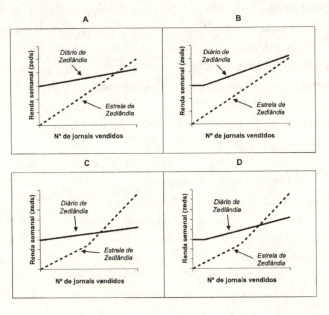

Encontramos, nessa questão, a mesma exigência da anterior, acrescida do fato de que o aluno terá que transformar a informação dos quadros (em linguagem corrente) para uma representação gráfica, o que torna o problema mais difícil. Essa é uma questão que, se proposta por professores para o trabalho em sala de aula ou em avaliações da aprendizagem, exigiria um *conhecimento do conteúdo e dos estudantes*, para entender as dificuldades que podem surgir e como trabalhar para superá-las.

Nos exemplos citados, destacam-se os perfis conceituais da variação funcional, que implica em gráficos com curvas suaves.

Outro exemplo, contextualizado e explorado em problemas de modelagem, é relativo ao descritor D29 da matriz de referência para o Ensino Médio e apresentado na p. 118 do documento do PDE:

Em uma pesquisa realizada, constatou-se que a população A de determinada bactéria cresce segundo a expressão $A(t)=25.2^t$, onde t representa o tempo em horas.

Para atingir uma população de 400 bactérias, será necessário um tempo de:

A) 2 horas   B) 6 horas   C) 4 horas   D) 8 horas   E) 16 horas

O aluno, tendo compreendido o enunciado da questão, fará a substituição de A por 400 e calculará o valor de t. Apesar de estar relacionada ao conteúdo "função exponencial", é, efetivamente, um problema de resolução de equação, em que se identifica o significado que se relaciona com a zona tecnicista do perfil conceitual de equação.

Uma questão também contextualizada, mas com um maior aprofundamento, é apresentada no site do GAVE, na p. 4 da prova final do 10º e 11º anos de escolaridade (correspondente, no Brasil, ao 1º e 2º anos do ensino médio):

Um doente esteve internado numa certa unidade hospitalar.

Na preparação de um medicamento para administrar ao doente, foram misturadas algumas substâncias. Uma das substâncias, pelas suas características, demorou algum tempo a ser despejada de um recipiente para uma tina.

Admita que a quantidade Q, em centilitros, da substância existente no recipiente, t minutos após o recipiente ter começado a ser esvaziado até o momento em que ficou vazio, é dada por

$$Q(t) = 3 - \log_2 (t+1)$$

Determine a quantidade de substância existente no recipiente no momento em que t foi igual à metade do tempo que este demorou a ficar vazio.

Apresente o resultado em centilitros, arredondado às décimas.

Se efetuar cálculos intermediários, conserve, no mínimo, duas casas decimais.

Nesse caso, para encontrar um valor para substituir em Q, o aluno deve entender o enunciado e anular, inicialmente, o valor de Q, obtendo $t = 7$ minutos. Se não tiver uma calculadora, o aluno terá que fazer um gráfico da função $Q(t)$ e estimar o valor de $Q(3,5)$, tendo, ainda, que usar as unidades corretas. Esse problema, sem dúvida, exige transformações que o tornam bem mais complexo do que o anterior.

Questões como essas anteriormente exemplificadas têm sido apresentadas nos exames aplicados a alunos ou a professores brasileiros, tendo havido, em termos quantitativos, um resultado a seguir do esperado. Seria interessante analisar a produção escrita dos estudantes que se submetem a essas provas, para entender quais são as dificuldades e como podemos contribuir para uma mudança na situação.

Entendemos que são necessárias pesquisas, com foco na produção do aluno ou nas concepções dos professores que ensinam esses tópicos na educação básica. Mas a divulgação das investigações que já foram feitas ainda não é uma ação encorajada pelas supervisões e direções escolares, em qualquer nível de ensino. Dessa forma, nem sempre os professores se animam a buscar esses resultados por conta própria ou a procurar cursos de formação continuada que lhes permitam modificar sua prática.

A criação de Programas de Pós-Graduação em Ensino de Ciências e Matemática, desde 2000, trouxe uma grande contribuição para o ensino de Matemática no Brasil. A disponibilização on-line das dissertações e teses produzidas nesses programas permite que esses textos sejam acessados por professores da educação básica, estejam ou não frequentando esses cursos de formação continuada. Assim, a produção da área não fica restrita às bibliotecas das Instituições de ensino superior, podendo ser discutidas nas escolas de ensino fundamental e médio, bem como em cursos de licenciatura em Matemática ou pós-graduações na área.

Para aquilatar a produção nesses cursos, foi feita uma busca em sites dos Programas de Pós-Graduação da área de Ensino que apresentam produções em Educação Matemática,[16] desde o início de criação da área até o final de abril de 2013, tendo-se encontrado 2.251 dissertações ou teses. É sobre esse conjunto de produções que focamos nosso olhar, para verificar quantas investigam ensino de equações ou funções e quais os temas abordados.

No tocante às equações, encontramos 51 dissertações ou teses que apresentam a palavra "equação" no título ou nas palavras-chave. Dessas, quatro dissertações fizeram um mapeamento da produção já existente, seis revisaram o assunto em livros didáticos ou no *Caderno do Professor*[17] e as demais produções mostraram as preocupações dos seus autores com o ensino de equações ou com possibilidades metodológicas para esse ensino.

Os estudos sobre ensino de equações foram realizados com alunos de todos os níveis de ensino e, ainda, com professores. Foram testadas experiências com uso de jogos, modelagem matemática, resolução de problemas, uso de softwares, história da Matemática e análise de erros; foram, também, discutidos os multissignificados das equações no ensino de Matemática e o ensino de resoluções por métodos algébricos ou geométricos.

Quanto aos trabalhos que abordaram funções, foram encontradas 148 dissertações ou teses, evidenciando o interesse dos mestrandos e doutorandos pelo tema. Dessa produção, duas fizeram mapeamentos sobre trabalhos já realizados e nove dissertações buscaram revisar o assunto "funções" em livros didáticos. Da mesma forma que no tema "equações", a maior parte das dissertações ou teses mostrou preocupações com o ensino de funções, sob as mais diversas abordagens, incluindo-se a construção do

---

[16] Disponível em: <http://conteudoweb.capes.gov.br/conteudoweb/ProjetoRelacaoCursosServ let?acao=pesquisarIes&codigoArea=90200000&descricaoArea=&descricaoAreaConhecime nto=ENSINO&descricaoAreaAvaliacao=ENSINO>.

[17] O *Caderno do Professor* é uma publicação do estado de São Paulo que passou, a partir de 2013, a compor o Currículo Oficial do estado. É elaborado para auxiliar o professor nas salas de aula da educação básica. O material oferecido pela Secretaria Estadual de Educação é complementado pelo *Caderno do Aluno*.

conceito de função, tanto por alunos como por professores da educação básica.

Por outro lado, a inserção de periódicos sobre Educação em Ciências e Educação Matemática no Sistema Eletrônico de Editoração de Revistas (SEER) facilitou o acesso aos artigos publicados em revistas qualificadas pela Coordenação de Aperfeiçoamento de Pessoal de Nível Superior (CAPES), para os professores de qualquer nível de ensino e pesquisadores em Educação Matemática.

Listamos dezesseis periódicos brasileiros[18] sobre Ensino de Ciências e Educação Matemática[19] e neles buscamos, nos títulos dos artigos,[20] as palavras "equação" e "função", para verificar a quantidade de produções sobre esses tópicos e as abordagens escolhidas. Nessa busca foram encontradas 41 menções à palavra "equação" e 65 à palavra "função". Desses 106 artigos, sete enfocaram o ensino de tipos especiais de equação (como as diofantinas lineares) ou de funções (como as trigonométricas, exponenciais ou logarítmicas), nove fizeram mapeamentos da produção da área, catorze investigaram os dois tópicos nos livros didáticos ou nos *Cadernos do Professor* e 73 mostraram preocupações com o ensino ou aprendizagem de equações ou funções. No caso dos artigos, também foram encontrados estudos sobre o uso de jogos e materiais manipulativos, softwares, modelagem, resolução de problemas ou análise de soluções no ensino de equações ou funções.

Sintetizando essas buscas de dissertações, teses ou artigos, constatamos que são bastante variados os enfoques, mas que as

---

[18] *Acta Scientiae, Boletim de Educação Matemática* (BOLEMA), *Caderno Pedagógico, Ciência e Educação, Ciência e Ideias, Educação Matemática em Revista-RS, Educação Matemática Pesquisa, Em Teia, Jornal Internacional de Estudos em Educação Matemática* (JIEEM), *Revista de Ensino de Ciências e Matemática* (REnCiMa), *Revista Eletrônica de Educação Matemática* (REVEMAT), *Revista Brasileira de Ensino de Ciência e Tecnologia* (RBECT), *Revista Eletrônica de Debates em Educação Científica e Tecnológica, Revista Internacional de Pesquisa em Educação Matemática* (RIPEM), *Vidya* e *Zetetiké*.

[19] Optamos por buscar periódicos que estão cadastrados no sistema SEER, porque permitem a pesquisa por palavras. Além disso, também é importante destacar que alguns periódicos, ainda que bem posicionados no Qualis da CAPES, não disponibilizam livremente os artigos.

[20] No caso dos periódicos, optamos por buscar as palavras "equação" e "função" apenas nos títulos dos artigos, porque o mecanismo de pesquisa, nesse sistema, não mostra onde a palavra está sendo empregada e em que sentido.

preocupações com o ensino de equações e funções são prioritárias. Porém, como já comentamos, é difícil que essas produções cheguem aos professores das redes de ensino para a educação básica, por vários motivos que não vamos aqui aprofundar. Como, então, aproveitar esse conhecimento produzido?

Consideramos que uma das possibilidades é discuti-los em cursos de formação inicial ou continuada de professores de Matemática, para que não se percam as oportunidades de mudança que são apontadas nas dissertações ou teses. Não havendo discussão sobre questões aplicadas aos alunos e sobre metodologias indicadas para o ensino de cada tópico, perde-se a oportunidade de debater as questões fundamentais para a prática escolar, ou seja, não se possibilita a oportunidade de desenvolver o conhecimento específico do conteúdo, o conhecimento dos estudantes e do ensino.

Moreira e David (2005) comentam que "[...] ao não discutir essas questões na licenciatura, interrompe-se um fluxo de saberes que, tendo sua origem no estudo de dificuldades associadas ao exercício da própria prática docente escolar, a ela retornaria através do processo de preparação profissional para essa prática" (p. 102).

Essa revisão sobre documentos, exames e produções do ensino de Matemática permitirá, nos capítulos seguintes, que sejam apresentadas algumas situações de sala de aula nas quais podemos aplicar o conhecimento já abordado.

Capítulo IV

Dificuldades encontradas na aprendizagem de equações e funções: alguns exemplos

Nos capítulos anteriores, vimos como se constituiu a Álgebra como área de conhecimento, as equações e as funções como tópicos dentro dessa área, e como documentos que servem de apoio ao professor que vai trabalhar com esses conceitos na educação básica discutem tais temas. Mas, em nossa opinião, não basta ao professor conhecer os conceitos que vai lecionar "apenas" pelos pontos de vista abordados anteriormente, ele precisa ainda ter uma visão das metodologias e de outras questões referentes ao ensino, bem como daquelas que dizem respeito aos estudantes.

A análise de soluções a questões de Matemática, elaboradas por estudantes de qualquer nível de ensino, deve também ser objeto de atenção de professores. Discussões acerca da forma como essas questões foram resolvidas, buscando entender as causas dos erros e dificuldades, podem levar os docentes a usar os erros como trampolins para a aprendizagem (BORASI, 1996).

Após uma síntese dos primórdios da análise de erros e da apresentação de pesquisas desenvolvidas no Brasil e no exterior, já apresentada em outro livro desta Coleção (CURY, 2007a), notamos que o número de trabalhos citados em eventos científicos da área de Educação Matemática ou defendidos em Programas de Pós-Graduação em Ensino ou Educação Matemática têm crescido, a ponto de permitir uma categorização dos diversos tipos de investigações.

Inicialmente, temos as pesquisas que se preocupam em analisar erros, buscando discuti-los à luz de alguma teoria; em seguida, temos as análises da produção escrita, especialmente as que foram elaboradas no seio do Grupo de Estudo e Pesquisa em Educação Matemática e Avaliação (GEPEMA), da Universidade Estadual de Londrina, coordenado pela Profa. Regina Buriasco, cujos membros buscam entender a maneira com que os estudantes lidam com os problemas, sejam as respostas corretas ou incorretas. A busca por uma fundamentação teórica para trabalhar com a avaliação como prática de investigação levou esse grupo ao estudo das ideias da Educação Matemática Realística.

Além desses dois tipos de trabalhos, temos também aquelas investigações em que os pesquisadores se preocupam em detectar erros e dificuldades dos estudantes, para poder criar estratégias de ensino que venham auxiliá-los na aprendizagem dos conceitos em questão. Entre esses trabalhos, têm se destacado os que geram produtos educacionais, muitos deles com o apoio de tecnologia, especialmente os que são provenientes de mestrados profissionais.

Finalmente, encontramos as análises de erros em que seus autores partem dos próprios erros e levam os estudantes a reescrever suas respostas, orientando-os nas diversas fases de reescrita, ou que criam metodologias didáticas a partir dos próprios erros cometidos pelos alunos.

Sugestões para atividades de sala de aula com bases nesses trabalhos vão ser apresentadas no próximo capítulo deste livro. Neste, aproveitamos alguns exemplos das análises para apontar certos erros, especialmente relacionados a equações e a funções, que podem ser discutidos em cursos de formação de professores.

Uma dificuldade em resoluções de equações está ligada ao uso incorreto da propriedade distributiva da multiplicação em relação à adição. Um exemplo dessa dificuldade é encontrado em uma pesquisa realizada por Cury, Ribeiro e Müller (2011) com 141 alunos de cursos de licenciatura em Matemática de dez instituições de ensino superior do Brasil. Foi aplicado um teste com questões abertas, aqui exemplificado com a apresentação da análise das respostas à questão cujo enunciado é: *Quantos pares* (x,y) *de números reais existem, tais que* $x + y = xy = \frac{x}{y}$?

Mesmo sendo estudantes de cursos de licenciatura em Matemática, os participantes encontraram muita dificuldade para chegar a uma resposta que satisfizesse o problema. Temos usado, para a análise dos dados, uma sistemática já descrita em Cury (2007a), denominada "análise de conteúdo dos erros", baseada em Bardin (1979) e realizada em três fases: pré-análise, exploração do material e tratamento dos resultados.

Na primeira fase, as respostas a cada questão do teste são separadas e organizadas (em folhas impressas ou em arquivos digitalizados), formando o *corpus* sobre o qual nos debruçamos para realizar o trabalho. Na correção das soluções de cada questão, em geral seguimos os procedimentos adotados na correção de questões de avaliações como o PISA, considerando quatro categorias: resposta correta (código 2), resposta parcialmente correta (código 1), resposta incorreta (código 0) e ausência de resposta (código 9).

Na questão aqui exemplificada, foi considerada correta a resposta em que o aluno obteve o par (½, -1), a partir do desenvolvimento das duas igualdades, sem cometer erros no decorrer do processo. Como respostas parcialmente corretas, foram consideradas as soluções em que, apesar da obtenção do par (½, -1), o aluno fez alguma observação equivocada na apresentação final. Finalmente, como respostas erradas, foram consideradas aquelas em que o aluno não obteve o par que satisfaz a dupla igualdade ou incorreu em erros durante o processo de solução.

A segunda fase da análise, de exploração do material, envolveu o processo de unitarização e classificação das 86 respostas incorretas, sendo que os critérios de classificação foram determinados *a posteriori*, a partir do próprio material, com o agrupamento das respostas semelhantes. Já na fase de tratamento dos resultados, foi elaborado um texto-síntese para cada classe de erros, com apoio de exemplos retirados do próprio *corpus*.

As 86 respostas incorretas foram classificadas em cinco categorias, sendo que as principais, indicadas por I e II, compreendem:

> I) aquelas em que o aluno escreve que não existem números reais que satisfaçam as equações ou apenas mostra um par ordenado, sem justificar os cálculos (44% das ocorrências são desse tipo);

II) aquelas em que o aluno tenta resolver as equações, mas comete algum erro em uma das etapas ou encontra valor para x ou y, sem fazer a substituição para encontrar o outro valor (38% das ocorrências são desse tipo).

Como exemplo desse segundo tipo, temos a resposta indicada na Fig. 1:

Figura 1 – Exemplo de solução errada do tipo II

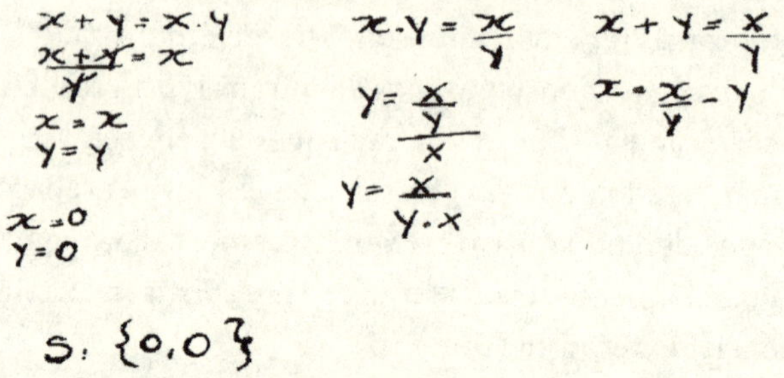

$$x + y = x \cdot y$$
$$\frac{x+y}{y} = x$$
$$x = x$$
$$y = y$$
$$x = 0$$
$$y = 0$$

$$x \cdot y = \frac{x}{y}$$
$$y = \frac{\frac{x}{y}}{x}$$
$$y = \frac{x}{y \cdot x}$$

$$x + y = \frac{x}{y}$$
$$x = \frac{x}{y} - y$$

$$S : \{0, 0\}$$

Fonte: Cury, Ribeiro e Müller (2011, p. 11).

Notamos, aqui, que o aluno não construiu o conceito de distributividade, haja vista que cancela o y do numerador da fração algébrica com o y do denominador, sem que y esteja em evidência no numerador. Mariotti (1986) acredita que, nesse tipo de procedimento, está presente a influência de um "esquema visual". Seria uma imagem mental de um procedimento operatório que o aluno gravou sem ter compreendido perfeitamente. Em 2004, Cerulli, sob a orientação de Mariotti, desenvolveu uma tese na qual relatou a criação de um software, L´Algebrista, no qual o computador é usado como instrumento de mediação semiótica para introduzir a Álgebra como teoria, sendo que a propriedade distributiva da multiplicação em relação à adição é um dos constructos teóricos que fazem parte do design do software.

Brum (2013), para investigar erros cometidos por alunos do 8º ano do ensino fundamental, aplicou um teste em que os estudantes deveriam expressar a área de uma sala, cujas medidas estavam indicadas por $2x$ e $x + 3y$. Um dos alunos mostrou conhecer o conceito de área, pois multiplicou as medidas, obtendo $A = 2x(x + 3y)$. No entanto, ao tentar simplificar a resposta, escreveu $A = 3x + 3y$, também mostrando não saber distribuir a multiplicação em relação à adição.

Freitas (2002) escolheu 24 tipos de equações polinomiais de 1° grau e elaborou um teste que aplicou a alunos do 1° ano do ensino médio. De cada tipo, recolheu algumas soluções erradas e comentou os erros à luz da fundamentação teórica utilizada. Dentre seus exemplos, citamos[21] a seguinte resolução da equação $-5x - 2 = x$:

$$-5x - 2 = x$$
$$-5x + x = 2$$
$$-4x = 2$$
$$x = -\frac{1}{2}$$

Fonte: Freitas (2002).

Nota-se a dificuldade representada pela "passagem" do x do segundo membro para o primeiro, em que não foi usado o princípio aditivo da igualdade. Uberti (2011) usou os mesmos tipos de equações empregadas por Freitas e notou erros semelhantes. Por exemplo, um aluno, ao começar a resolver $3x - 2 = 4x - 7$, escreveu $3x + 4x = -7 + 2$.

Exemplos desses tipos de erros já foram listados por Ponte, Branco e Matos (2009), os quais apontaram essa transposição incorreta de termos e citaram pesquisas nas quais esse problema também surge, como a de Kieran (1985). Essa autora, referência entre os estudiosos do ensino de Álgebra, realizou uma investigação com alunos de 11 a 13 anos, que não haviam tido anteriormente experiência com resolução de equações, e com estudantes de 12 a 15 anos, já com alguma experiência no assunto. A pesquisadora notou que ambos os grupos cometeram alguns erros do mesmo tipo, tais como subtrair 215 de 265 na resolução de $16x - 215 = 265$ ou adicionar 7 a 30 na solução de $30 = x + 7$.

Moraes (2013) investigou erros na resolução de equações polinomiais de 1° grau e sua superação por alunos do 1° ano do ensino médio, com auxílio do software Aplusix. Com base na teoria dos campos conceituais, de Vergnaud, e de estudos sobre erros, dificuldades

---

[21] Optamos por digitar alguns exemplos porque certas figuras inseridas nas dissertações ou nos artigos não são suficientemente nítidas.

ou obstáculos na aprendizagem de Álgebra, a autora listou teoremas em ação[22] possíveis de serem mobilizados pelos alunos e elaborou uma sequência de atividades nas quais esses teoremas poderiam (ou não) ser usados. Na resolução das atividades, os estudantes utilizaram o software Aplusix e uma ferramenta de comentário desse software, que permite ao aluno justificar cada passo realizado e, ao pesquisador, coube entender as estratégias empregadas. Como exemplo de dificuldade encontrada pelos alunos, temos o uso do teorema em ação $ax+b=c \Rightarrow (a+b)x=c$, que não representa uma propriedade válida:

$$10x - 7 + 10x + 9 = 0$$
$$20x + 2 = 0$$
$$22x = 0$$

Fonte: Moraes (2013).

Após um trabalho exaustivo, com determinação dos teoremas em ação empregados por cada participante, Moraes (2013, p. 99) concluiu que "a validação oferecida pelo software Aplusix contribuiu com o processo de desestabilização dos erros cometidos pelos alunos".

É interessante notar, nessas pesquisas realizadas e nas respostas dos participantes, que as manipulações geométricas, empregadas por gregos, árabes e hindus, parecem ter sido abandonadas no ensino atual; a ênfase nas soluções gerais e no caráter estrutural das equações pode ser um dos fatores que levam os alunos da educação básica a enfrentarem tantas dificuldades na construção do conceito de equação e na sua solução.

As dificuldades na aprendizagem de funções são objeto de investigação por parte de muitos pesquisadores, nacionais e estrangeiros. Os instrumentos de pesquisa empregados enfocam o conceito de função, representação gráfica, domínio e imagem, entre outros itens.

Bortoli (2011) aplicou um teste de múltipla escolha a 31 estudantes de uma disciplina de Pré-Cálculo de uma instituição pública de ensino superior, solicitando ao respondente que indicasse o

---

[22] "Um teorema em ação é uma proposição tida como verdadeira na ação em situação, ou seja, ela é verdadeira para o sujeito que a constrói, mas não é, necessariamente, verdadeira ou não é verdadeira sempre" (MORAES, 2013, p. 24).

desenvolvimento da resposta, para permitir a análise dos erros. A primeira questão do teste citava uma função de domínio e imagem reais, dada por $f(x) = ax + 3$, e apresentava o gráfico, que passava pelo ponto (3,5). Os respondentes, a partir das informações dadas, deveriam escolher o valor de $f(9)$ entre os números 6, 9, 10, 15 e 18. O autor esperava que os alunos mostrassem ter conhecimento sobre o conceito de função afim, saber ler coordenadas de pontos no plano cartesiano, resolver equação polinomial de 1º grau e calcular valor numérico de função. Sendo um conceito abordado no ensino médio e explorado em exames vestibulares ou no ENEM, é surpreendente que nenhum aluno tenha conseguido acertar a questão: 90% deles erraram e 31% deixaram em branco.

Bortoli (2011) empregou a sistemática de análise de conteúdo dos erros e classificou os erros encontrados nessa questão em sete categorias. O tipo de erro mais frequente (60% das respostas que não estavam em branco) consistiu em substituir corretamente a abscissa do par ordenado (3,5), mas, ao invés de usar 5 como ordenada, utilizar esse valor como coeficiente angular. Outro erro, cometido por onze alunos, consistiu em considerar que $f(x)$ é o produto $f.x$ ou a soma $f+x$, mostrando que o aluno não tem ideia do significado de imagem de uma função em um ponto. Exemplos desses dois tipos de erro são apresentados nas duas soluções indicadas na Fig. 2, a seguir:

Figura 2 – Resoluções incorretas, dos dois tipos mais frequentes

$f(x) = a.x + 3$	$f(x) = a.x + 3$
$f(3) = 3a + 3$	$f(9) = a. - 3 + 3$
$f(3) = 3.5 + 3$	$f(9) = a$
$f3 = 15 + 3 = 18$	$f = 9$
$f = 18$	$f = 6$

Fonte: Bortoli, 2011, p. 45-46.

Ponte, Branco e Matos (2009, p. 122) também apontam essas dificuldades dos alunos, considerando que eles podem entender quando se diz, por exemplo, "que 'a imagem de 5 é 3', mas não conseguem entender a expressão $f(5) = 3$".

Alguns pesquisadores preferem substituir a expressão "análise de erros" por outras que não enfatizem a palavra "erro" que, para os alunos, tem, muitas vezes, um caráter negativo, associado à punição. Nesse sentido, Barichello (2008) propõe trabalhar com "processos de resolução de um problema", porque engloba tudo o que o aluno faz ao tentar solucionar uma questão; o autor propõe uma dinâmica de trabalho, que denominou resolução-comentário-resolução (RCR), por meio da qual, a partir da resolução do aluno, é inserido um comentário na prova, de modo que possa gerar uma nova resolução e um novo comentário, até que uma das partes (aluno ou pesquisador) julgue adequado encerrá-la.

Essa dinâmica é, de certa forma, semelhante ao tipo de instrumento de investigação que foi usado em trabalhos de membros do GEPEMA, a saber, a "prova em fases", proposta originalmente na Holanda (DE LANGE, 1999).

Barichello (2008, p. 83) propôs, entre os vários problemas desenvolvidos em seu trabalho com dez alunos de Cálculo I, o seguinte: *Você acha que existe uma função do conjunto {1, 2, 3} para o conjunto {2, 4, 5, 8}? Em caso positivo, dê um exemplo.* Um dos alunos fez a representação indicada na Fig. 3, a seguir:

Figura 3 – Representação de um dos alunos

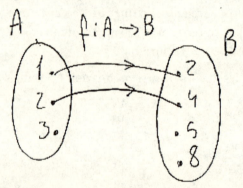

Fonte: Barichello, 2008, p. 83.

Ao notar que o aluno não associou uma imagem ao elemento 3, o pesquisador propôs uma representação em que $f(3)$ fosse igual a 8 e perguntou se seria possível. O aluno retrucou, na próxima resolução, que teoricamente seria possível, pois a cada elemento de *A* é associado um único elemento de *B*, mas que não existia uma função que associasse os valores daquela forma. Então o pesquisador imaginou que o aluno estava esperando encontrar uma lei e, no próximo comentário, indagou se a função dada por $f(x)=2^x$ não seria válida para aqueles valores. A partir dessa pergunta desenvolveu-se uma troca de respostas e comentários que levaram o pesquisador a entender a limitação da concepção de função daquele aluno.

Essa dificuldade, apesar de parecer facilmente superável, com alguma explicação, na verdade parece constituir-se em um obstáculo à compreensão do conceito de função. Clement (2001) apresenta uma investigação realizada com alunos de pré-cálculo, para verificar se a imagem de conceito de função, desenvolvida por esses alunos, estava alinhada com a sua definição matemática. Pelos resultados apresentados, a autora considera que os estudantes têm uma visão estreita do que é uma função e que uma das causas talvez seja a forma como os livros-texto apresentam esse assunto ou a falta de uma discussão mais profunda sobre o conceito de função em sala de aula.

Utilizando as questões apresentadas no artigo de Clement (2001), foi proposta uma investigação com professores em formação continuada, para verificar como definem e como identificam função dentre relações dadas por leis, gráficos ou tabelas. (BISOGNIN; BISOGNIN; CURY, 2010). Das cinco questões, vamos aqui comentar apenas as respostas de uma delas, a saber, a que solicitava que o respondente definisse, com suas próprias palavras, o conceito matemático de função. As respostas foram classificadas em três categorias: a) aquelas que traziam a definição correta, explicitando que "a cada valor de x corresponde um único valor de y"; b) aquelas em que faltava a menção à unicidade; c) aquelas em que a definição era apresentada de forma equivocada, como, por exemplo, "é uma relação entre valores reais, em que certo valor está relacionado a um outro" (p. 6).

Pelas respostas dadas, foi notada uma tendência de identificar uma função como uma relação de "um para um"; apesar de ser uma ideia correta e funcionar para uma ampla gama de situações e problemas, torna-se um obstáculo para o entendimento de função como um conceito mais amplo. Não basta, nesse caso, ter apenas o conhecimento do conteúdo em si, é necessário, também, ter o conhecimento de como explorar as múltiplas representações das funções. Essas ideias precisam ser discutidas em profundidade, em cursos de formação inicial ou continuada de professores de Matemática.

Também no caso das pesquisas sobre aprendizagem de função, notamos que o conceito formal é bastante exigido, mas que a ideia de funcionalidade, presente nos primórdios dos estudos sobre função, não é claramente identificada pelos alunos. Ainda que não estejamos defendendo uma "volta às origens" da criação dos conceitos de equação e de função, acreditamos que o conhecimento das dificuldades enfrentadas pelos povos antigos pode auxiliar os professores a entender melhor certos erros cometidos pelos estudantes. Essa é uma das razões pelas quais trouxemos, no Capítulo II, uma breve revisão histórica.

Muitas vezes, nos textos de Shulman (1986) e de Ball, Thames e Phelps (2008), encontramos menções aos erros e dificuldades dos alunos. Shulman (1986, p. 10) considera que "o estudo sobre as concepções errôneas dos estudantes e sua influência sobre a aprendizagem subsequente tem sido um dos tópicos mais férteis para a pesquisa sobre cognição". Ball, Thames e Phelps (2008) justificam sua abordagem para o estudo do conhecimento matemático para o ensino, explicando que começaram com a prática do professor, uma vez que lhes parece óbvio que esse conheça o conteúdo que vai ensinar.

A seguir, esses autores exemplificam a necessidade de entender os erros dos alunos, a partir das diferentes formas com que apresentam o algoritmo usado para a subtração. Por meio do exemplo da "conta de subtração", os autores reforçam sua premissa de que qualquer pessoa entende se e quando uma "conta" ou um resultado estão errados, mas apenas os professores têm – ou deveriam ter – habilidades para o ensino e serem capazes de opinar sobre a origem dos erros. Também consideram que, quando um professor faz cálculos errados ou é incapaz de resolver um problema na aula, o ensino sofre e um tempo precioso é perdido.

Assim, ao estabelecer domínios do conhecimento do professor (como indicado no Capítulo III), a menção aos erros é recorrente: quanto ao *conhecimento comum do conteúdo*, Ball, Thames e Phelps (2008) consideram essencial que o professor reconheça quando os alunos dão uma resposta errada ou quando os livros-texto utilizados apresentam alguma definição equivocada. No *conhecimento especializado do conteúdo*, os autores apontam a importância de buscar padrões nos erros dos alunos, para saber qual o melhor método para ensinar determinado tópico.

O terceiro domínio, *conhecimento do conteúdo e dos estudantes*, novamente demanda dos professores entender concepções errôneas dos alunos, opinar sobre a natureza dos erros cometidos e decidir quais são os erros mais frequentes. Quanto ao último domínio, que combina *conhecimento do conteúdo e do ensino*, Ball, Thames e Phelps (2008) consideram que os professores devem conhecer as abordagens de ensino que permitem escolher os melhores exemplos para, entre outras atividades, auxiliar os alunos na superação de suas dificuldades.

Esses autores ainda sugerem, no seu esquema sobre os domínios do conhecimento para o ensino, o que chamam de *conhecimento horizontal*, que envolve saber o que já foi ensinado em um determinado nível de ensino e o que será ensinado depois, para poder ter a visão, por exemplo, da importância de discutir com os alunos aqueles erros recorrentes que tiveram origem em anos anteriores e que vão se consubstanciar em obstáculos para a aprendizagem de futuros conteúdos.

Pelos exemplos que apresentamos neste capítulo, vemos, por exemplo, que o conhecimento da propriedade distributiva da multiplicação em relação à adição, se não entendida no ensino fundamental, pode trazer dificuldades no Cálculo Diferencial, quando o estudante precisa saber simplificar frações algébricas, entre outros itens. Também entendemos que uma concepção errônea do conceito de função pode levar o estudante a uma aprendizagem deficiente dos diversos tipos de função com que vai trabalhar no ensino médio ou superior.

Alguns desses problemas exemplificados podem ter origem em dificuldades dos professores que, por motivos que agora não nos cabe discutir, tiveram uma formação inicial que não lhes trouxe subsídios para entender a forma de pensar de seu aluno e suas necessidades de auxílio para uma aprendizagem de qualidade. Assim, consideramos que a prática de sala de aula, com conhecimento do conteúdo, dos estudantes e do ensino, pode desestabilizar concepções errôneas, de professores ou de alunos. Para isso, no próximo capítulo, trazemos várias sugestões para trabalhar com os conceitos de equações e de funções, usando abordagens metodológicas e recursos distintos.

Capítulo V

Atividades sugeridas para o trabalho com equações e funções

Nos capítulos anteriores, trouxemos várias discussões sobre o ensino e a aprendizagem de equações e de funções. No entanto, para contextualizar os conceitos que apresentamos e discutimos, consideramos necessário apresentar atividades que possam ser utilizadas por professores e alunos de Matemática, em qualquer nível de ensino. Em cada atividade aqui indicada, são apontados os conceitos envolvidos e uma sugestão de uso, mas fica a cargo do professor a modificação que entender necessária para melhor adaptar a atividade aos seus objetivos de ensino ou à turma na qual pretende desenvolver o material.

Cada atividade proposta pode ser trabalhada com diferentes abordagens metodológicas: modelagem matemática (MEYER; CALDEIRA; MALHEIROS, 2011), investigações matemáticas na sala de aula (PONTE; BROCARDO; OLIVEIRA, 2003), uso de análise de erros (CURY, 2007a), uso de jogos (BORIN, 1998), resolução de problemas (ALLEVATO; ONUCHIC, 2009), entre outras. Além disso, uma atividade que envolva um problema que possa ser modelado por uma equação ou função pode ser usada no ensino fundamental, no ensino médio ou no ensino superior; nesse caso, pode ser desenvolvido em aulas de Álgebra ou de Metodologia e Práticas de Ensino ou, ainda, em cursos de formação continuada de professores, como as especializações, mestrados ou doutorados da área de Ensino ou de Educação Matemática.

A seguir, passamos à apresentação das sugestões de atividades com equações ou funções, procurando articular com nossas análises e reflexões.

A) *O site <http://nrich.maths.org/7447> apresenta um tipo de desafio matemático denominado Arithmagon. Planeje uma atividade interdisciplinar, com o professor de Inglês, de modo que seus alunos consigam determinar a solução para cada problema proposto. Aproveite outras sugestões do mesmo site para trabalhar com generalização.*

B) *Os quadros a seguir mostram conjuntos de números inteiros. Em cada caso, responda às questões:*

a)

x	y
1	6
2	7
3	8
4	9
5	10
6	...
7	12
8	...
...	

1) *quando x é 2, qual é o valor de y?*

2) *quando x é 6, qual o valor de y?*

3) *quando x é 8, qual o valor de y?*

4) *quando x for 800, qual será o valor de y?*

5) *escreva, com suas palavras, a regra que leva cada x no y correspondente.*

6) *escreva agora essa regra, usando apenas letras e números.*

b)

P	Q
2	6
3	9
4	12
5	15
...	...

1) quando P é 2, qual é o valor de Q?

2) quando P é 5, qual o valor de Q?

3) escreva uma regra que represente essa situação, usando apenas letras e números.

c)

x	y
1	2
2	8
3	11
4	14
5	17
6	...
...	...

1) quando x=2, qual é o valor de y?

2) quando x=6, qual é o valor de y?

3) escreva uma regra que represente essa situação e depois calcule o valor de y quando x=12.

Essa atividade propõe que o aluno busque uma regra que defina *y* como função de *x*. Por ser contextualizada apenas na própria Matemática, não deve ser explorada exaustivamente, mas apenas servir como exemplo da possibilidade de expressar uma função por uma regra ou lei, em aulas introdutórias sobre o conceito de função. Entendemos que atividades desse tipo podem auxiliar os alunos a desenvolverem significados mais "abstratos" para os símbolos matemáticos em jogo. Pode ser entendido, para o caso das funções, como um significado análogo ao que chamamos, anteriormente, de "zona estrutural de um perfil conceitual de equação".

C) *O cinema Atlântida está exibindo um filme infantil. O ingresso para crianças custa R$ 12,00 e para adulto, R$ 20,00. No final de uma sessão, a funcionária da bilheteria viu que as crianças tinham comprado cinquenta ingressos a mais que os adultos e que havia R$ 1.080,00 em caixa. Calcule o valor total dos ingressos vendidos para as crianças, usando uma planilha eletrônica para fazer os cálculos e mostre como você colocou os dados na planilha.*

Esse problema é pensado para uma aula em que os alunos tenham acesso a planilhas, em computadores, notebooks ou tablets. Pode ser resolvido sem uso desse recurso tecnológico, mas a ideia é, exatamente, propor um problema relativamente simples para discutir o uso das planilhas. É uma atividade que contempla situações da vida dos alunos e, em nosso entendimento, auxilia no desenvolvimento da "zona pragmática do perfil conceitual de equação".

D) A atividade a seguir é adaptada de Ponte, Branco e Matos (2009, p. 90), para trabalhar com investigações matemáticas em sala de aula, explorando regularidades; dependendo do nível de ensino em que for aplicada, pode-se chegar a generalizações:

a) *Investiga o que acontece ao efetuar as seguintes multiplicações:*

$$8 \cdot 8 = 64$$
$$9 \cdot 7 = 63$$
$$10 \cdot 6 = 60$$
$$\_ \cdot \_ = \_$$
$$\_ \cdot \_ = \_$$

O que acontece com os produtos, a partir de 8 . 8 = 64?

b) *Com base nesse exemplo, prevê os produtos seguintes, a partir de 15 . 15 = 225*

$$15 . 15 = 225$$
$$16 . 14 = \_\_$$
$$17 . 13 = \_\_$$
$$18 . 12 = \_\_$$

c) *Sugere uma operação para prever o resultado de 21 . 19.*

d) *Organiza a tabela a seguir, com os resultados encontrados a partir de 8 . 8, e encontra uma fórmula que represente as regularidades:*

8 . 8	9 . 7	10 . 6	11 . 5	12 . 4	....
64	63	60	55	48	....
Diferenças (em relação a 64)	$1 = 1^2$	$4 = 2^2$	....	....	....
n . n	(n+1).(n-1)	....	....	....	....

E) Análise de sequências pictóricas

A capacidade de generalização e a possibilidade de usar linguagem algébrica para representar uma determinada situação que se apresenta por meio de figuras têm sido exploradas por muitos autores. As figuras muitas vezes são semelhantes, cabendo ao professor aproveitá-las para propor a atividade. A seguir, indicamos algumas figuras encontradas em diferentes materiais, nacionais ou estrangeiros, e sugerimos uma primeira proposta, deixando ao leitor o uso de outras sequências pictóricas:

a) *Tereza usou a letra com que inicia seu nome e organizou algumas figuras, obedecendo sempre certa ordem. Preste atenção e responda qual é o número correto de figuras que vai formar a próxima letra "T" desenhada por Tereza:*

b) *Para as seguintes sequências pictóricas, determine a lei geral de formação, para encontrar o termo de ordem* n.

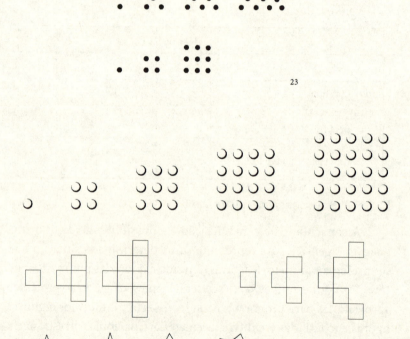

[23]

---
[23] Retirado de Mendieta e Díaz (2002).

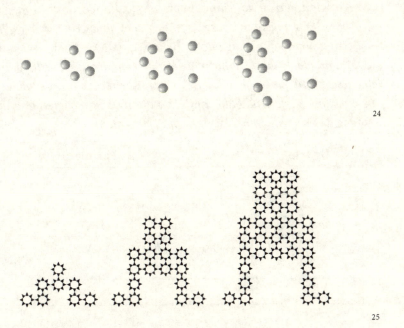

F) Ao citar figuras que geram padrões, podemos lembrar o triângulo de Sierpinski, apresentado em outro livro desta coleção (BARBOSA, 2002). Para gerar uma atividade com essa configuração, sugerimos o seguinte enunciado:

Considere inicialmente um triângulo equilátero preto e una os pontos médios dos seus lados, formando um triângulo branco, que é retirado; nos triângulos pretos remanescentes, novamente marque os pontos médios e retire os triângulos brancos, e assim sucessivamente.

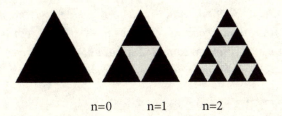

[24] Retirado de Bamberg *et al.* (2004).
[25] Retirado de Vale e Pimentel (2005).

Associando n=0 ao triângulo preto inicial, n=1 ao seguinte, e assim por diante, encontre a área do triângulo remanescente, após cada remoção, supondo que a área do triângulo equilátero original é igual a uma unidade de área. Também determine o perímetro do triângulo remanescente (o que inclui os lados dos "furos") em cada nível, supondo que o perímetro do triângulo equilátero do nível zero é igual a uma unidade de comprimento. A seguir, complete o quadro:[26]

Ordem	Área	Perímetro
0	1	1
1	3	3
	4	2
2	9	9
	16	4
---	---	---
n	?	?

Qual é a área da configuração de ordem n? E o perímetro?

Ao utilizarmos atividades matemáticas que exploram padrões – sejam numéricos, sejam geométricos – além de propiciarmos conexões entre a Álgebra e a Geometria, e entre a Álgebra e a Aritmética,[27] vimos as possibilidades de desenvolvimento ou de ampliação das zonas "geométrica" e "processual" de um perfil conceitual de equação. Além disso, no caso das funções, possibilita-se a construção de suas expressões algébricas por diferentes caminhos e abordagens.

G) *Quando chegou o verão, Luiz resolveu encher sua piscina e iniciou o trabalho às 8h da manhã. Ao meio-dia, ele notou que havia um problema com a torneira e teve que parar o serviço por três horas, até realizar o conserto e poder encher a piscina ao nível desejado. Qual dos gráficos a seguir representa a situação descrita?*

---

[26] Retirado de Cury (2007b).

[27] No contexto da educação básica, procuramos distinguir Álgebra de Aritmética, embora entendamos que muitos autores discutam e consideram que a segunda, de fato, está contida na primeira.

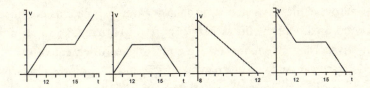

H) *Laura foi colher ameixas para vender na feira. Ela utiliza caixas para acondicionar essas frutas e sabe que em cada caixa cabem exatamente seis ameixas. Complete a tabela a seguir, que representa o número de caixas necessárias em função do número de ameixas, e depois represente os dados em um gráfico.*

N. ameixas	1	2	3	4	5	6	7	8	9	10	11	12	13	14	15	16	17	18	19
N. caixas																			

Neste problema, pode ser iniciada a discussão sobre gráficos de funções definidas em conjuntos discretos. D'Amore (1997) comenta o interesse em problemas abertos, que não têm resposta única. Exemplificando, o autor aponta o problema *Encontre dois números naturais cuja soma seja 8*. Se os alunos já resolveram o problema e encontraram nove pares de números reais, então, ao propor um problema que parece semelhante, *Encontre dois números cuja diferença seja 8*, esses estudantes vão dar, inicialmente, nove soluções, levados pela predisposição de resolver da mesma forma, ainda que haja outras mais apropriadas.[28] No entanto, depois de algum tempo, os próprios alunos se dão conta de que há infinitas soluções! Com base nessa premissa, podemos propor aos alunos um problema como o apresentado em Dorigo (2010, p. 47):

Uma aluna, Bianca, fã de música, reserva num certo mês R$ 70,00 para a compra de CDs ou DVDs; um CD custa R$ 12,00 e um DVD custa R$ 16,00. Quais as possibilidades de compra desses dois bens, gastando exatamente os R$ 70,00?

---

[28] Essa predisposição humana a resolver um dado problema de uma maneira específica, embora existam métodos melhores ou mais apropriados de resolvê-lo, recebe o nome de "Efeito Einstellung" (Disponível em: <http://en.wikipedia.org/wiki/Einstellung_effect>).

Provavelmente os alunos, ao equacionarem o problema por meio da equação diofantina linear $12x+16y=70$, vão procurar resolver por tentativas, mas, se encontrarem a equação equivalente, $6x+8y=35$, poderão se dar conta de que não há solução inteira, pois os termos $6x$ e $8y$ são pares e sua soma não pode ser ímpar. Nesse caso, poderemos discutir processos de resolução, conceito de equação, etc., dependendo do nível de ensino em que for proposto o problema. Além disso, parece-nos uma situação que pode favorecer a articulação entre duas diferentes zonas do perfil conceitual de equação, a saber, as zonas "pragmática" e "estrutural".

I) Outro tipo de problema que desperta atenção e motiva discussões é aquele que apresenta uma resposta e solicita a pergunta. Entre vários exemplos, podemos citar um problema do PISA (2012), disponível no site do INEP, nos itens eletrônicos de Matemática[29] e aqui adaptado:

Este gráfico não tem título nem legenda para os eixos.

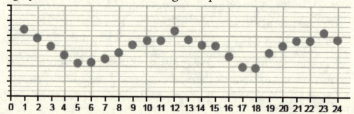

Qual título do gráfico e legendas dos eixos se ajustam melhor aos dados acima?

a) *Título: Mudança na quantidade de carvão restante em uma mina em atividade.*
Eixo dos x: Tempo (em meses.).
Eixo dos y: Quantidade de carvão restante.

b) *Título: Mudança na temperatura máxima mensal de uma cidade.*
Eixo dos x: Tempo (em meses).
Eixo dos y: Temperatura máxima mensal.

---

[29] Disponível em: <http://erasq.acer.edu.au/index.php?cmd=cbaItemPreview&unitVersionId=96>

c) *Título: Mudança na massa corporal de um bebê saudável.*
Eixo dos x: Tempo (em meses).
Eixo dos y: Massa corporal.

d) *Título: Mudança na temperatura de uma xícara de café quente.*
Eixo dos x: Tempo (em horas).
Eixo dos y: Temperatura.

J) Alguns problemas podem ser usados em qualquer nível de ensino, desde que sejam apresentados em roupagens que são adequadas às diferentes faixas etárias dos alunos. Por exemplo, Schliemann *et al.* (2008, p. 4) apresentam, entre outros exemplos, um problema[30] cuja linguagem traduzimos e adaptamos para a nossa realidade:

Elisabete e Carlos economizaram o dinheiro da mesada para poder comprar sorvetes quando fossem no parque com seus pais. Elisabete guardou R$ 40,00 em uma bolsa e o restante no seu cofre. Carlos tem exatamente o quíntuplo do valor que Elisabete tem no cofre. O total de dinheiro que Elisabete economizou é igual ao total de dinheiro economizado por Carlos. Escreva uma equação que represente essa última afirmativa e depois a resolva. Quanto dinheiro Elisabete tem no cofre?

Se pensarmos em alunos que estão iniciando os estudos sobre equações, no ensino fundamental, o problema está adequado nessa forma. Mas se quisermos usá-lo em outros níveis de ensino, podemos adaptar a linguagem. Uma sugestão seria enunciá-lo da seguinte maneira:

Elisabete e Carlos ganharam a mesma quantia de dinheiro, mas Elisabete separou R$ 1.050,00 para pagar contas e com o restante ela vai comprar uma roupa. Sabemos que Carlos recebeu exatamente oito vezes a quantidade que Elisabete separou para essa compra. Quanto custa essa roupa de Elisabete?

---

[30] "Elizabeth and Darin each have some money. Elizabeth has $40 in her wallet and the rest of her money is in her piggy bank. Darin has, altogether, exactly five times as much money as Elizabeth has in her piggy bank. Elizabeth's total amount of money is equal to Darin's total amount of money. Write an equation showing that Elizabeth's total amount of money is equal to Darin's total amount of money. Solve the equation. How much money does Elizabeth have in her piggy bank?"

K) Para introduzir o conceito de função no ensino fundamental, uma atividade que pode ser realizada em conjunto com outras disciplinas envolve a seguinte situação:

Para incentivar o consumo de alimentos saudáveis na merenda, uma escola teve a ideia de dar um desconto na quantidade de produtos comprados pelos alunos na cantina da escola. Ao comprar esses alimentos na cantina, o aluno ganha um desconto de R$ 1,30 para cada cinco produtos adquiridos semanalmente.

A partir de uma discussão, sugere-se completar com os alunos a tabela a seguir e, analisando as sequências, propor que descubram uma expressão analítica que represente o desconto d.

	Número de produtos							
	5	10	15	20	...	50	...	n
Desconto	1 x 1,30	2 x 1,30	3 x 1,30	...		25 x 1,30	...	...

Assim, o desconto será de $d = \frac{n}{5} \cdot 1{,}30$

Considerando n o número de produtos comprados e d o desconto obtido pelo cliente, sugere-se solicitar aos alunos a construção de um gráfico cartesiano do desconto em relação ao número de produtos e discutir a pertinência ou não de unir os pontos por uma linha contínua, o que, em geral, é uma dificuldade evidenciada pelos estudantes na construção de gráficos em que uma das variáveis é discreta. Observamos aqui, mais uma vez, uma analogia entre as zonas de um perfil conceitual de equação, a saber, as zonas "pragmática" e "geométrica", e o conceito de função. Parece-nos que tais analogias indicam semelhanças entre o "perfil conceitual de equação" e possíveis significados do conceito de função, sinalizando assim uma interessante questão de pesquisa a ser investigada.

L) Borba e Penteado (2001) apresentam uma atividade que pode ser desenvolvida quando são trabalhados os gráficos de funções quadráticas e que, a seguir, adaptamos para esta lista.

Usando um software que permita a geração de gráficos de funções, discuta, em grupo, o que acontece com o vértice da parábola que representa a função $y = x^2 + bx + 3$ quando o coeficiente b varia.

Esse problema permite que os alunos façam várias conjecturas e cheguem a ver que "a variação do coeficiente *b* provoca um movimento do vértice que é descrito por outra parábola." (BORBA; PENTEADO, 2001, p. 37). Essa constatação, dependendo do nível de ensino, pode envolver outros problemas e levar os estudantes a um entendimento mais aprofundado do conteúdo, inclusive exigindo as justificativas para os resultados obtidos.[31]

M) Para trabalhar com operações algébricas, muitas vezes são usadas figuras cujos lados são representados por expressões algébricas, em que, além dos conhecimentos algébricos, são mobilizados conhecimentos geométricos, como os de perímetro ou de área:

a) determine a diferença entre os perímetros das figuras a seguir;
b) determine a área da Fig. 2.

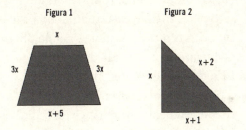

No caso acima, espera-se que os alunos escrevam:

a) $(x+3x+x+5+3x) - (x+x+1+x+2) = (8x+5) - (3x+3) = 5x+2$

b) $\dfrac{(x+1)x}{2} = \dfrac{x^2 + x}{2}$

No entanto, muitas vezes aparecem dificuldades relacionadas às propriedades das operações. Por exemplo, em pesquisa empregando um exercício semelhante, Brum (2013) notou que, no item *a*, os

---

[31] Para maiores discussões sobre o problema, sugerimos a leitura de Borba e Penteado (2001), que discutem as relações entre a informática e a Educação Matemática.

alunos adicionavam a constante ao coeficiente da variável, obtendo $7x$ como resultado. Também no cálculo da área, surgia o erro bastante frequente, representado pela falta de parênteses na multiplicação de $x+1$ por x, o que faz com que o aluno escreva, por exemplo, $\frac{x+1.x}{2} = \frac{x+x}{2} = \frac{2x}{2} = x$. Atividades deste tipo podem favorecer o desenvolvimento e/ou ampliação das zonas "geométrica" e "processual" do perfil conceitual de equação.

Além de proporcionar ocasião para discutir essas dificuldades evidenciadas com os próprios alunos, podemos pensar em levar suas soluções para cursos de formação inicial e/ou continuada de professores, nos quais esses casos podem ser discutidos. Em nossa compreensão, tal estudo pode desenvolver o conhecimento do conteúdo e os estudantes (BALL; THAMES; PHELPS, 2008) e, assim, atividades que envolvem operações com expressões algébricas podem preparar os professores para entender as dificuldades de seus alunos.

Nesse sentido, julgamos apropriado apresentar algumas análises que fazemos no que se refere aos diferentes domínios[32] do conhecimento matemático para o ensino, como discutido no Capítulo III. Nossa proposta com tais análises é dar subsídios para que as situações e atividades matemáticas propostas neste capítulo possam contribuir para o desenvolvimento ou ampliação de tais domínios, com professores e futuros professores de Matemática.

No que se refere ao *conhecimento especializado do conteúdo*, ou seja, um tipo de conhecimento matemático específico que deve fazer parte do repertório dos conhecimentos dos professores, parece-nos que as atividades D), E) e F) são bons exemplos de situações nas quais se pode propiciar a construção de conhecimentos matemáticos específicos relativos aos conceitos de função, por exemplo, por meio da generalização de padrões numéricos e geométricos. De fato, como discutido nos capítulos anteriores, a "generalização de padrões" pode ser uma importante via de acesso e desenvolvimento do pensamento algébrico, tanto nos alunos como nos próprios professores.

---

[32] Nesse momento pretendemos nos referir aos domínios 1) conhecimento especializado do conteúdo, 2) conhecimento do conteúdo e dos estudantes e 3) conhecimento do conteúdo e do ensino, segundo as ideias de Ball, Thames e Phelps (2008).

O *conhecimento do conteúdo e do ensino* é outro importante domínio do conhecimento matemático para o ensino, como proposto por Ball e seus colegas, uma vez que pode propiciar ao professor o estabelecimento de relações entre um conceito matemático *per se* e as diferentes formas de abordá-lo em situações de ensino. Por exemplo, na atividade C), quando sugerimos que uma situação matemática pode ser explorada com o auxílio de tecnologias digitais, como é o caso das planilhas eletrônicas, procuramos proporcionar ao professor a reflexão sobre as dificuldades dos conceitos matemáticos em jogo, com as potencialidades que o uso das tecnologias pode trazer para a discussão de tal conceito em uma sala de aula.

Outro exemplo refere-se à atividade K), na qual reconhecemos a importância de professores saberem contextualizar os problemas que apresentam para os alunos. Naquela atividade matemática, os alunos podem ser desafiados a usar uma mesma equação, $A + x = Bx$, com A e B conhecidos, e criar problemas para os vários níveis de ensino.

O domínio *conhecimento do conteúdo e dos estudantes* busca relacionar as especificidades de conceitos matemáticos e os processos de aprendizagem destes por parte dos alunos. Conhecer as dificuldades que os alunos normalmente apresentam quando estão estudando certo conceito matemático pode fornecer ao professor condições para melhores escolhas didáticas em suas aulas. Em nosso entendimento, as atividades I) e M) são bons exemplos de situações nas quais o fato de o professor poder "prever" as dificuldades que os alunos podem apresentar favorece a sua escolha por atividades com a proposta de superar tais entraves e proporcionar melhores condições de aprendizagem dos conceitos.

Com isso, esperamos que as atividades apresentadas neste capítulo possam servir de subsídios para professores e formadores de professores pensarem e repensarem suas aulas de Matemática e sobre a Matemática, no que se refere aos conceitos de equação e de função. Procuramos apresentar sugestões de atividades que exploram os diferentes significados desses conceitos matemáticos, acompanhadas de análises e reflexões que favoreçam o uso dessas atividades em salas de aula da educação básica, bem como na formação inicial ou continuada de professores de Matemática, quando estão ensinando ou pensando sobre o ensino de Álgebra.

Considerações finais

Nos capítulos deste livro, procuramos trazer algumas ideias sobre a Álgebra, seu desenvolvimento e seu ensino. Também apontamos atividades que podem ser exploradas por professores de qualquer nível de ensino, para a introdução da Álgebra no ensino fundamental, com problemas sobre equações e funções, bem como com situações de aprofundamento ou retomada de conceitos para o ensino médio. Indicamos, ainda, a adequação de tais atividades para cursos de formação de professores, haja vista a possibilidade de desenvolver e ampliar os diferentes domínios do conhecimento matemático para o ensino.

Vimos, pelos resultados da busca em dissertações, teses ou artigos que abordam os conceitos de equação ou de função, que a maior preocupação dos autores tem sido com o ensino desses conceitos. No entanto, não notamos, de maneira geral, os reflexos dessas preocupações na educação básica, pois pesquisas com alunos ou professores continuam apontando dificuldades no entendimento desses conceitos. (RIBEIRO, 2001; BARBOSA, 2009; BISOGNIN; BISOGNIN; CURY, 2010).

Entendemos que é possível, e mesmo desejável, promover mudanças nos cursos de formação inicial ou continuada de professores em relação ao ensino de Álgebra, para que essa formação esteja mais ancorada nas práticas de sala de aula do que na apresentação formal de conteúdos matemáticos.

Não estamos negando o conhecimento do conteúdo matemático em si, mas parece-nos evidente que somente esse conhecimento, isolado de todos os outros tipos de conhecimento que são específicos do professor de Matemática, não leva às discussões necessárias para que esse professor possa exercer sua prática em qualquer sala de aula da educação básica, com todas as dificuldades que são inerentes às tarefas requeridas pelos docentes.

Ball e Bass (2003) defendem uma teoria sobre o conhecimento matemático para o ensino baseada na prática. Para isso propõem que, ao invés de pesquisar o que os professores precisam saber, porque a resposta é "eles precisam saber Matemática", esses autores perguntam sobre o conhecimento matemático que está vinculado ao trabalho do professor e sobre *como* e *quando* eles usam esse conhecimento para ensinar Matemática. Entre as tarefas que são enfocadas em sua pesquisa, Ball e Bass (2003) avaliam como os professores representam os conceitos matemáticos para seus alunos; como interpretam as suas produções orais ou escritas; como avaliam suas justificativas e como lidam com respostas diferentes das esperadas.

Nas atividades que propusemos neste livro, escolhemos aquelas que podem ser desenvolvidas com os alunos em mais de uma forma e com mais de uma abordagem metodológica. Mesmo questões rotineiras, que já são apresentadas em livros didáticos ou apostilas, e que apenas solicitam um "clique" sobre a alternativa correta, podem ser usadas de maneira mais criativa, solicitando, por exemplo, que o aluno dê respostas para uma pergunta, como é o caso da atividade J) do Capítulo V.

Niss (2006), ao descrever o projeto KOM,[33] que envolve a formação de professores na Dinamarca, apresenta uma tarefa matemática que trata da modelagem de uma situação que é muitas vezes proposta em exames nacionais ou internacionais.[34] O autor lista uma série de competências para completar a tarefa com sucesso e muitas

---

[33] "Competências e Aprendizagem de Matemática", segundo o tradutor do texto de Niss (2006).

[34] A situação envolve preços cobrados para realizar uma excursão. Das duas companhias consultadas, uma cobra um preço fixo de R$ 150,00 até 100 km rodados e um adicional de R$ 3,00 por quilômetro que ultrapassar esse limite. A outra companhia cobra uma taxa fixa de R$ 50,00 até 20 km e R$ 2,00 por quilômetro adicional.

delas já foram especificadas por pesquisadores que buscam estudar o conhecimento matemático para o ensino. Por exemplo, "fazer uso de *representações matemáticas* diferentes e transitar de maneira significativa entre elas" e "possuir um senso para os *tipos de perguntas* que fazemos em Matemática e para os *tipos de respostas* que podemos esperar" (p. 31, grifos do original) são elementos do que Shulman (1986) associa ao conhecimento pedagógico do conteúdo e do que Ball, Thames e Phelps (2008) consideram como conhecimento especializado do conteúdo.

O ensino e a aprendizagem de Álgebra, em especial dos conceitos de equação e de função, formam o núcleo de uma boa formação para os professores, haja vista a importância da Álgebra para o estudo de tópicos variados de Matemática, para a modelagem de situações da vida real, para a resolução de problemas de outras ciências e para o desenvolvimento do pensamento algébrico e funcional, que dá suporte à aprendizagem de muitos outros assuntos na Matemática e em outras áreas do saber.

Mas como desenvolver, em cursos de formação inicial ou continuada de professores, competências que formam o conhecimento matemático para o ensino? Quais atividades podem ser propostas em cursos de formação de professores, em qualquer disciplina, para prepará-los para o trabalho com Álgebra na educação básica e mesmo no ensino superior? Moreira e David (2005) sustentam a importância de envolver os alunos em situações problemáticas que desafiem seus saberes anteriores. Já Ball e Bass (2003) apontam ações que envolvem resolução de problemas matemáticos. Com base nessas assertivas, procuramos, a seguir, indicar algumas ações que podem ser implementadas em cursos de formação de professores de Matemática, levando-os a desenvolver os conhecimentos matemáticos para o ensino de Álgebra.

Primeiramente, pensamos que o professor deve fazer a transposição didática (Pais, 2001) dos conteúdos de Álgebra, de tal forma que sua explanação para os alunos atenda ao nível de desenvolvimento cognitivo desses estudantes e à linguagem entendida por eles. Esse é um elemento a ser levado em conta nos cursos de formação, quando os professores formadores usam termos da linguagem matemática acadêmica que podem conflitar com os da linguagem comum. É necessário distinguir os significados, para que o futuro professor também se dê conta dessa dificuldade que poderá ser mais premente no caso dos seus alunos da educação básica.

Em segundo lugar, as definições devem ser compreensíveis para o nível de ensino no qual elas são apresentadas. Por exemplo, falar em "corpo" para alunos de Álgebra de um curso de licenciatura em Matemática pode ser perfeitamente entendido como estrutura definida em um conjunto, munida de operações e propriedades. No entanto, ao tratar do conjunto dos reais na educação básica, a palavra "corpo" não pode ser introduzida sem cuidados, pois tem outra acepção na linguagem comum. O mesmo pode ser dito sobre a palavra "função", quando for introduzida no ensino fundamental ou médio, em que os estudantes já ouviram a palavra associada à Biologia, à Química, etc. Parece-nos que situações de sala de aula que discutam os diferentes significados de conceitos matemáticos – como é o caso do perfil conceitual de equação – podem contribuir para se elucidar os sentidos dados pelos alunos a tais conceitos.

Outra observação que nos parece pertinente relaciona-se à possibilidade de representar um conceito de várias maneiras, trazendo, quando possível, um modelo físico, um gráfico, uma tabela e o simbolismo correspondente. Assim, por exemplo, uma função pode ser representada inicialmente pela situação cotidiana que é por ela modelada e, em seguida, por um gráfico, uma tabela de valores ou pela simbologia que a representa formalmente.

Também consideramos fundamental que o futuro professor tenha contato com as dificuldades dos alunos em relação a determinado conceito, sejam suas perguntas e suas respostas para os exercícios as usuais ou as inesperadas. No caso de equações fracionárias, por exemplo, pesquisadores de todo o mundo apontam a dificuldade representada pelo cancelamento incorreto de termos, especialmente pelo mau uso da propriedade distributiva (DIAS, 2004; CERULLI, 2004, entre outros). Se o professor estudar essas dificuldades juntamente com a apresentação do "corpo dos reais", em disciplina de Álgebra ou Análise Matemática, poderá entender melhor o próprio conteúdo e visualizar as dificuldades que terá de superar no ensino de quaisquer elementos que possam ser relacionados a essa estrutura. Nessas situações, entendemos perfeitamente a importância de se desenvolver o *conhecimento do conteúdo e dos estudantes*, na visão de Ball, Thames e Phelps (2008).

Outro fator preponderante no ensino de Álgebra é o uso de livros didáticos e a preparação dos alunos para os exames nacionais ou internacionais. Consideramos que o ensino de Matemática não pode ficar à mercê das avaliações de larga escala, mas também entendemos que os professores são pressionados a ensinar os conteúdos solicitados em tais exames. Assim, saber o que está sendo apresentado nos livros e nos exames e planejar questões que levem em conta esses tópicos são elementos que fazem parte do *conhecimento do conteúdo e do ensino*. Esse conhecimento também permite que o professor possa avaliar os materiais que lhes são oferecidos para o ensino, desde apostilas e livros até mesmo os próprios exames, com questões que, às vezes, se apresentam de forma equivocada.

Por fim, mas não por último, até porque consideramos que a avaliação contínua é a que mais elementos pode trazer aos professores, estes precisam saber como avaliar as respostas dos alunos, não apenas para atribuir notas ou conceitos, mas para refletir sobre sua própria prática e para fazer as adaptações necessárias ao seu ensino, para propiciar aos alunos uma melhor aprendizagem. Aqui, em nosso entendimento, vemos uma perfeita sinergia entre os domínios *conhecimento do conteúdo e dos alunos* e *conhecimento do conteúdo e do ensino*.

Todas essas observações com que encerramos este livro são ideias que trazemos aos professores e aos seus formadores, no sentido de contribuir para alavancar as discussões sobre o ensino e a aprendizagem de Álgebra nos cursos de graduação ou pós-graduação em Matemática, especialmente focando os conceitos de equação e função que, como já salientamos, são fundamentais para o trabalho matemático. Assim, ao compartilhar com os leitores essas reflexões, esperamos contribuir para as discussões sobre a formação do professor de Matemática no Brasil.

Referências

ALLEVATO, N. S. G.; ONUCHIC, L. R. Ensinando matemática na sala de aula através da resolução de problemas. *Boletim GEPEM*, Rio de Janeiro, n. 55, p. 133-154, 2009.

ARZARELLO, F.; BAZZINI, L.; CHIAPPINI, G. A Model for Analysing Algebraic Processes of Thinking. In: SUTHERLAND, R. *et al.* (Eds.). *Perspectives on School Algebra*. Dordrecht: Kluwer Academic Publishers, 2001. p. 61-81.

ASSOCIAÇÃO DOS PROFESSORES DE MATEMÁTICA. *Princípios e normas para a Matemática escolar*. Lisboa: APM, 2007.

ATTORPS, I. *Teachers' Image of the 'Equation' Concept*. In: CERME: Conference of the European Society for Research in Mathematics Education, 3., 28 Feb.-3 Mar. 2003, Bellaria. *Proceedings...* Disponível em: <http://www.dm.unipi.it/~didattica/CERME3/proceedings/Groups/TG1/TG1_attorps_cerme3.pdf>. Acesso em: 20 abr. 2013.

BALL, D. L.; BASS, H. *Toward a Practice-based Theory of Mathematical Knowledge for Teaching*. 2003. Disponível em: <http://www-personal.umich.edu/~dball/chapters/BallBassTowardAPracticeBased.pdf>. Acesso em: 30 ago. 2014.

BALL, D. L.; THAMES, M. H.; PHELPS, G. Content Knowledge for Teaching: What Makes it Special? *Journal of Teacher Education*, v. 59, n. 5, p. 389-407, Nov.-Dec. 2008.

BAMBERG, R. *et al. Pluspunkt Mathematik: Hauptschule 1. Baden-Württemberg*. Deutschland: Cornelsen, 2004.

BARBOSA, R. M. *Descobrindo a Geometria Fractal para a sala de aula*. Belo Horizonte: Autêntica, 2002. (Tendências em Educação Matemática).

BARBOSA, Y. O. *Multissignificados de equação: uma investigação sobre as concepções de professores de Matemática*. 2009. 194 f. Dissertação (Mestrado em Educação Matemática) – Universidade Bandeirante de São Paulo, São Paulo, 2009.

BARDIN, L. *Análise de conteúdo*. Lisboa: Edições 70, 1979.

BARICHELLO, L. *Análise de resoluções de problemas de Cálculo Diferencial em um ambiente de interação escrita.* 2008. 127 f. Dissertação (Mestrado em Educação Matemática) – Instituto de Geociências e Ciências Exatas, Universidade Estadual Paulista, Rio Claro, 2008.

BASHMAKOVA, I. G., SMIRNOVA, G. S. *The Beginnings and Evolution of Algebra.* Washington (DC): The Mathematical Association of America, 2000.

BISOGNIN, E.; BISOGNIN, V.; CURY, H. N. Conhecimentos de professores da educação básica sobre o conceito de função. In: ENCONTRO NACIONAL DE EDUCAÇÃO MATEMÁTICA, 10., 2010, Salvador. *Anais...* Salvador: SBEM, 2010. 1 CD-ROM.

BORASI, R. *Reconceiving Mathematics Instruction: A Focus on Errors.* Norwood: Ablex, 1996.

BORBA, M. de C.; PENTEADO, M. G. *Informática e Educação Matemática.* Belo Horizonte: Autêntica, 2001. (Tendências em Educação Matemática).

BORIN, J. *Jogos e resolução de problemas: uma estratégia para as aulas de Matemática.* 3. ed. São Paulo: CAEM, 1998.

BORTOLI, M. F. *Análise de erros em matemática: um estudo com alunos de ensino superior.* 2011. 95 f. Dissertação (Mestrado Profissionalizante em Ensino de Matemática) – Centro Universitário Franciscano, Santa Maria, 2011.

BOURBAKI, N. *Théorie des ensembles.* Paris: Diffusion CCLS, 1970. Disponível em: <http://tomlr.free.fr/Math%E9matiques/Bourbaki/Theorie%20Des%20Ensembles.pdf>. Acesso em: 7 abr. 2014.

BOYER, C. *História da Matemática.* 2. ed. São Paulo: Edgard Blücher, 1978.

BRASIL. Ministério da Educação. Instituto Nacional de Estudos e Pesquisas Educacionais Anísio Teixeira. *Resultados da prova Brasil/SAEB 2011.* Disponível em: <http://sistemasprovabrasil2.inep.gov.br/resultados>. Acesso em: 20 nov. 2013.

BRASIL. Ministério da Educação. Instituto Nacional de Estudos e Pesquisas Educacionais Anísio Teixeira. *Matriz de referência de Matemática da 8ª série do Ensino Fundamental.* Disponível em: <http://portal.inep.gov.br/web/saeb/downloads>. Acesso em: 27 nov. 2013.

BRASIL. Ministério da Educação. Instituto Nacional de Estudos e Pesquisas Educacionais Anísio Teixeira. *Exame Nacional de Desempenho dos Estudantes. Área: Matemática.* 2005. Disponível em: <http://download.inep.gov.br/download/enade/2005/provas/MATEMATICA.pdf>. Acesso em: 7 abr. 2014.

BRASIL. Ministério da Educação. Instituto Nacional de Estudos e Pesquisas Educacionais Anísio Teixeira. *O que é o Pisa.* Disponível em: <http://portal.inep.gov.br/pisa-programa-internacional-de-avaliacao-de-alunos>. Acesso em: 7 abr. 2014.

BRASIL. Ministério da Educação. Instituto Nacional de Estudos e Pesquisas Educacionais Anísio Teixeira. *Pisa – Itens.* Disponível em: <http://portal.inep.gov.br/internacional-novo-pisa-itens>. Acesso em: 7 abr. 2014.

Referências

BRASIL. Ministério da Educação. Instituto Nacional de Estudos e Pesquisas Educacionais Anísio Teixeira. *Matriz de referência ENEM*. 2012. Disponível em: <http://download.inep.gov.br/educacao_basica/enem/downloads/2012/matriz_referencia_enem.pdf>. Acesso em: 7 abr. 2014.

BRASIL. Ministério da Educação. Instituto Nacional de Estudos e Pesquisas Educacionais Anísio Teixeira. *Exame Nacional do Ensino Médio. Prova de Redação e de Linguagens, Códigos e suas Tecnologias. Prova de Matemática e suas Tecnologias. 2º dia – Caderno amarelo*. 2012. Disponível em: <http://download.inep.gov.br/educacao_basica/enem/provas/2012/caderno_enem2012_dom_amarelo. pdf>. Acesso em: 7 abr. 2014.

BRASIL. Ministério da Educação. *PDE: Plano de Desenvolvimento da Educação: SAEB: ensino médio: matrizes de referência, tópicos e descritores*. Brasília: MEC/SEB/Inep, 2008. Disponível em: <http://portal.mec.gov.br/dmdocuments/saeb_matriz2.pdf>. Acesso em: 11 dez. 2013.

BRASIL. Ministério da Educação. Secretaria de Educação Básica. *Guia de livros didáticos: PNLD 2011: Matemática. Anos Finais do Ensino Fundamental*. Brasília: MEC/SEB, 2010.

BRASIL. Ministério da Educação. Secretaria de Educação Básica. *Guia de livros didáticos. PNLD 2012. Matemática. Ensino Médio*. Brasília: MEC/SEB, 2011.

BRASIL. Ministério da Educação. Secretaria de Educação Básica. *Orientações curriculares para o Ensino Médio*. Brasília: MEC/SEB, 2006. v. 2: Ciências da Natureza, Matemática e suas Tecnologias. Disponível em: <http://portal.mec.gov.br/seb/arquivos/pdf/book_volume_02_internet.pdf>. Acesso em: 30 abr. 2014.

BRASIL. Ministério da Educação. Secretaria de Educação Fundamental. *Parâmetros Curriculares Nacionais: Matemática: terceiro e quarto ciclos do ensino fundamental*. Brasília: MEC/SEF, 1998.

BRASIL. Ministério da Educação. Secretaria de Educação Fundamental. *Parâmetros Curriculares Nacionais: Matemática: ensino de primeira à quarta série*. Brasília: MEC/SEF, 1997.

BRASIL. Ministério da Educação. Secretaria de Educação Média e Tecnológica. *Parâmetros Curriculares Nacionais: Ensino Médio*. Brasília: MEC/Setec, 2002. v. 2: Ciências da Natureza, Matemática e suas Tecnologias. Disponível em: <http://portal.mec.gov.br/seb/arquivos/pdf/ciencian.pdf>. Acesso em: 30 abr. 2014.

BRUM, L. D. *Análise de erros cometidos por alunos de 8º ano do Ensino Fundamental em conteúdos de Álgebra*. 2013. 93 f. Dissertação (Mestrado Profissionalizante em Ensino de Matemática) – Centro Universitário Franciscano, Santa Maria, 2013.

CERULLI, M. *Introducing Pupils to Algebra as a Theory: L'Algebrista as an Instrument of Semiotic Mediation*. 2004. 182 f. Thesis (PhD in Mathematics) – Uniuversitá di Pisa, 2004. Disponível em: <http://halshs.archives-ouvertes.fr/docs/00/19/04/05/PDF/Michele_Cerulli_PhD_Thesis_2004.pdf>. Acesso em: 14 jun. 2014.

CLEMENT, L. What do students really know about functions? *Mathematics Teacher*, v. 94, n. 9, p. 745-748, dez. 2001.

COUTINHO, F. A.; MORTIMER, E. F.; EL-HANI, C. N. Construção De um perfil para o conceito biológico de vida. *Investigações em Ensino de Ciências*, Porto Alegre, v. 12, n. 1, p. 115-137, 2007.

CURY, H. N. *Análise de erros: o que podemos aprender com as respostas dos alunos*. Belo Horizonte: Autêntica, 2007a. (Tendências em Educação Matemática).

CURY, H. N. El triángulo eterno: sugerencias de actividades para la clase de Matemática. In: ABRATE, R.; POCHULU, M. (Comps.). *Experiencias, propuestas y reflexiones para la clase de Matemática*. Villa María: Universidad Nacional de Villa María, 2007b.

CURY, H. N.; RIBEIRO, A. J.; MÜLLER, T. J. Explorando erros na resolução de equações: um caminho para a formação do professor de matemática. *Unión*, San Cristobal de La Laguna, v. 28, p. 143-157, 2011.

D´AMORE, B. *Problemas: pedagogía y psicología de la Matemática en la actividad de resolución de problemas*. Madrid: Síntesis, 1997.

DAHAN-DALMEDICO, A.; PEIFFER, J. *Une historie des mathématiques: routes et dédales*. Paris: Éditions du Seuil, 1986.

DE LANGE, J. *Framework for Classroom Assessment in Mathematics*. Utrecht: Freudenthal Institute and National Center for Improving Student Learning and Achievement in Mathematics and Science, 1999. Disponível em: <http://www.fi.uu.nl/publicaties/literatuur/6279.pdf>. Acesso em: 15 jun. 2014.

DIAS, J. L. *A propriedade distributiva da multiplicação: uma visão diagnóstica do processo*. 2004. 184 f. Dissertação (Programa de Pós-Graduação em Educação em Ciências e Matemática) – Núcleo Pedagógico de Apoio ao Desenvolvimento Científico, Universidade Federal do Pará, Belém, 2004.

DORIGO, M. *Investigando as concepções de equação de um grupo de alunos do ensino médio*. 2010. 137 f. Dissertação (Mestrado em Educação Matemática) – Universidade Bandeirante de São Paulo, São Paulo, 2010.

DREYFUS, T.; HOCH. M. Equations: a structural approach. In: HØINES, M. J.; FUGLESTAD, A. B. (Eds.). *Proceedings of The 28th International Conference of the International Group for the Psychology of Mathematics Education*. Bergen: PME, v. 1, p. 152-155, 2004.

EVES, H. *Introdução à história da Matemática*. Campinas: Ed. da Unicamp, 2004.

FIORENTINI, D.; MIORIM, M. A.; MIGUEL, A. Contribuição para um repensar... a educação algébrica elementar. *Pro-Posições*, Campinas, v. 4, n. 1(10), p. 78-90, mar. 1993.

FREITAS, Marcos A. de. *Equação do 1º grau: métodos de resolução e análise de erros no ensino médio*. 2002. 137 f. Dissertação (Mestrado em Educação Matemática) – Pontifícia Universidade Católica de São Paulo, São Paulo, 2002.

GARBI, G. G. *A rainha das ciências: um passeio histórico pelo maravilhoso mundo da Matemática*. São Paulo: Livraria da Física, 2006.

GARBI, G. G. *O romance das equações algébricas*. São Paulo: Makron, 1997.

Graphs. 2012. Disponível em: <http://erasq.acer.edu.au/index.php?cmd=cbaItem-Preview&unitVersionId=96>. Acesso em: 7 abr. 2014.

KAPUT, J. J. *A Research Base Supporting Long Term Algebra Reform?* In: ANNUAL MEETING OF NORTH AMERICAN CHAPTER OF THE INTERNATIONAL GROUP FOR THE PSYCHOLOGY OF MATHEMATICS EDUCATION, 17., Columbus, 1995. Disponível em: <http://eric.ed.gov/PDFS/ED389539.pdf >. Acesso em: 1 jul. 2014.

KAPUT, J. J. What is Algebra? What is Algebraic Reasoning? In: KAPUT, J. J.; CARRAHER, D. W.; BLANTON, M. L. (Eds.). *Algebra in the Early Grades*. New York: Lawrence Erlbaum, 2008. p. 5-17.

KIERAN, C. The Core of Algebra: Reflections on its Main Activities. In: STACEY, K.; CHICK, H.; KENDAL, M. (Eds.). *The Future of the Teaching and Learning of Algebra: The 12th ICMI Study*. Dordrecht: Kluwer, 2004. p. 21-33.

KIERAN, C. The Equation-solving Errors of Novice and Intermediate Algebra Students. In: STREEFLAND, L. (Ed.). *Proceedings of the Ninth International Conference for the Psychology of Mathematics Education*. Noordwijkerhout: PME, 1985. v. 1: Individual Contributions, p. 141-146. Disponível em: <http://files.eric.ed.gov/fulltext/ED411130.pdf>. Acesso em: 7 abr. 2014.

KIRSHNER, D. The Structural Algebra Option Revisited. In: SUTHERLAND, R. et al. (Eds.). *Perspectives on School Algebra*. Dordrecht: Kluwer Academic Publishers, 2001. p. 83-98.

LIMA, R. N. *Equações algébricas no ensino médio: uma jornada por diferentes mundos da Matemática*. 2007. 358 f. Tese (Doutorado em Educação Matemática) – Pontifícia Universidade Católica de São Paulo, São Paulo, 2007.

LINS, R. C.; GIMENEZ, J. *Perspectivas em aritmética e álgebra para o século XXI*. Campinas: Papirus, 1997.

LINTZ, R. G. *História da Matemática*. Blumenau: Ed. da FURB, 1999. v. 1.

MACHADO, A. C. *A aquisição do conceito de função: perfil das imagens produzidas pelos alunos*. 1998. Dissertação (Mestrado em Educação) – Faculdade de Educação, Universidade Federal de Minas Gerais, Belo Horizonte, 1998.

MARIOTTI, M. A. L'aproccio psicologico nella didattica della matematica: considerazioni e proposte. *L'Insegnamento della Matemática e delle Scienze Integrate*, v. 9, n. 2, p. 71-104, 1986.

MARKOVITS, Z.; EYLON, B. S.; BRUCKHEIMER, M. Dificuldades dos alunos com o conceito de função. In: COXFORD, A. F.; SHULTE, A. P. (Orgs.). *As ideias da Álgebra*. São Paulo: Atual, 1995. p. 49-69.

MASON, J. Making use of children´s powers to produce algebraic thinking. In: KAPUT, J.; CARRAHER, D.; BLANTON, M. L. (Eds.) *Algebra in the Early Grades*. New York: Lawrence Erlbaum Associates, 2008. p. 57-94.

MENDIETA, L. C. M.; DÍAZ, J. A. T. *Encontrando regularidades com números*. 2002. Disponível em: <http://www.usergioarboleda.edu.co/matematicas/memorias/memorias13/Encontrando%20regularidades.pdf>. Acesso em: 20 ago. 2014.

MEYER, J. F. C. A.; CALDEIRA, A. D.; MALHEIROS, A. P. S. *Modelagem em Educação Matemática*. Belo Horizonte: Autêntica, 2011. (Tendências em Educação Matemática).

MIGUEL, A.; MIORIM, M. A. *História na Educação Matemática*. Belo Horizonte: Autêntica, 2004. (Tendências em Educação Matemática).

MORAES, F. L. de. *Um estudo sobre erros na resolução de equações do 1º grau com o software Aplusix*. 2013. Dissertação (Mestrado em Educação Matemática) – Universidade Federal de Mato Grosso do Sul, Campo Grande, 2013.

MOREIRA, P. C.; DAVID, M. M. M. S. *A formação matemática do professor: licenciatura e prática docente escolar*. Belo Horizonte: Autêntica, 2005. (Tendências em Educação Matemática).

MORTIMER, E. F. *Evolução do atomismo em sala de aula: mudança de perfis conceituais*. 1994. 281 f. Tese (Doutorado em Educação) – Faculdade de Educação, Universidade de São Paulo, São Paulo, 1994.

NISS, M. O projeto dinamarquês KOM e suas relações com a formação de professores. In: BORBA, M. C. (Org.). *Tendências internacionais em formação de professores de Matemática*. Belo Horizonte: Autêntica, 2006. (Tendências em Educação Matemática). p. 27-44.

PAIS, L. C. *Didática da Matemática: uma análise da influência francesa*. Belo Horizonte: Autêntica, 2001. (Tendências em Educação Matemática).

PINTO, R. A.; FIORENTINI, D. Cenas de uma aula de álgebra: produzindo e negociando significados para "a coisa". *Zetetiké: Revista de Educação Matemática*, Campinas, v. 5, n. 8, p. 45-71, jul.-dez. 1997.

PISA – PROGRAMME FOR INTERNATIONAL STUDENT ASSESSMENT. *Computer-Based Mathematics Units. Brazil – Portuguese. CM010*

PONTE, J. P. da. The History of the Concept of Function and Some Educational Implications. *The Mathematics Educator Online*, v. 3, n. 2, 1992. Disponível em: <http://math.coe.uga.edu/tme/Issues/v03n2/v3n2.html>. Acesso em: 7 abr. 2014.

PONTE, J. P.; BRANCO, N.; MATOS, A. Álgebra no *ensino básico*. Lisboa: Ministério da Educação, 2009.

PONTE, J. P.; BROCARDO, J.; OLIVEIRA, H. *Investigações matemáticas na sala de aula*. Belo Horizonte: Autêntica, 2003. (Tendências em Educação Matemática).

PROFMAT – MESTRADO PROFISSIONAL EM MATEMÁTICA EM REDE NA-CIONAL. *Exame Nacional de Acesso. Questões objetivas.* 2012. Disponível em: <http://www.profmat-sbm.org.br/docs/Exame_de_Acesso_2012_Objetivas.pdf>. Acesso em: 7 abr. 2014.

PUIG, L. Componentes de una historia del álgebra. El texto de al-Khwârizmî restaurado. In: HITT, F. (Ed). *Investigaciones em matemática educativa.* México (DF): Iberoamérica, 1998. v. II, p. 109-131.

RIBEIRO, A. J. *Analisando o desempenho de alunos do Ensino Fundamental em Álgebra, com base em dados do SARESP.* 2001. 116 f. Dissertação (Mestrado em Educação Matemática) – Pontifícia Universidade Católica de São Paulo, São Paulo, 2001.

RIBEIRO, A. J. Elaborando um perfil conceitual de equação: desdobramentos para o ensino e a aprendizagem de matemática. *Ciência & Educação*, Bauru, v. 19, n. 1, p. 55-71, 2013.

RIBEIRO, A. J. *Equações e seus multissignificados no ensino de Matemática: contribuições de um estudo epistemológico.* 2007. 141 f. Tese (Doutorado em Educação Matemática) – Pontifícia Universidade Católica de São Paulo, São Paulo, 2007.

SCHLIEMANN, A. L. *et al. From Functions to Equations in Elementary School.* 2008. Disponível em: <http://tsg.icme11.org/document/get/521>. Acesso em: 25 ago. 2014.

SHULMAN, L. S. Those Who Understand: Knowledge Growth in Teaching. *Educational Researcher*, v. 15, n. 2, p. 4-14, 1986.

SMITH, E. Representational Thinking as a Framework for Introducing Functions in the Elementary Curriculum. In: KAPUT, J.; CARRAHER, D.; BLANTON, M. L. (Eds.) *Algebra in the Early Grades.* New York: Lawrence Erlbaum Associates, 2008. p. 133-160.

STRUIK, D. J. *História concisa das matemáticas.* 2. ed. Lisboa: Gradiva, 1992.

TALL, D.; VINNER, S. Concept Image and Concept Definition in Mathematics with Particular Reference to Limits and Continuity. *Educational Studies in Mathematics*, n. 12, p. 151-169, 1981.

TOMAZ, V. S.; DAVIS, M. M. M. S. *Interdisciplinaridade e aprendizagem da Matemática em sala de aula.* Belo Horizonte: Autêntica, 2008. (Tendências em Educação Matemática).

UBERTI, A. *Avaliação da aplicação de jogos na 6ª série: equações, inequações e sistemas de equações de 1º grau.* 2011. 106 f. Dissertação (Mestrado Profissionalizante em Ensino de Matemática) – Centro Universitário Franciscano, Santa Maria, 2011.

VALE, I.; PIMENTEL, T. Padrões: um tema transversal do currículo. *Educação e Matemática*, Lisboa, n. 85, p. 14-20, nov.-dez. 2005.

VAN DEN HEUVEL-PANHUIZEN, M. V. D. Realistic Mathematics Education as Work in Progress. In: LIN, F. L. (Ed.). *Common Sense in Mathematics Education.*

Proceedings of 2001 The Netherlands and Taiwan Conference on Mathematics Education, Taipei, Taiwan, 19 – 23 November 2001. p. 1-43. Disponível em: <http://www.fi.uu.nl/publicaties/literatuur/4966.pdf>. Acesso em: 26 maio 2014.

VÁZQUEZ, P. S.; REY, G.; BOUBÉE, C. El concepto de función a través de la Historia. *Unión*, n. 16, p. 141-155, dic. 2008.

YOUSCHKEVITCH, A. P. The Concept of Function up to the Middle of the 19th Century. *Archive for History of Exact Sciences*, v. 16. n. 1, p. 37-85, 1976.

ZUFFI, E. M. Alguns aspectos do desenvolvimento histórico do conceito de função. *Educação Matemática em Revista*, São Paulo, v. 8, n. 9-10, p. 10-16, abr. 2001.

ZUFFI, E. *O tema "funções" e a linguagem matemática de professores do ensino médio: por uma aprendizagem de significados*. 1999. 307 f. Tese (Doutorado em Educação) – Faculdade de Educação, Universidade de São Paulo, São Paulo, 1999.

Outros títulos da coleção
Tendências em Educação Matemática

Afeto em competições matemáticas inclusivas – A relação dos jovens e suas famílias com a resolução de problemas
Autoras: *Nélia Amado, Susana Carreira e Rosa Tomás Ferreira*

As dimensões afetivas constituem variáveis cada vez mais decisivas para alterar e tentar abolir a imagem fria, pouco entusiasmante e mesmo intimidante da Matemática aos olhos de muitos jovens e adultos. Sabe-se atualmente, de forma cabal, que os afetos (emoções, sentimentos, atitudes, percepções...) desempenham um papel central na aprendizagem da Matemática, designadamente na atividade de resolução de problemas. Na sequência do seu envolvimento em competições matemáticas inclusivas baseadas na internet, Nélia Amado, Susana Carreira e Rosa Tomás Ferreira debruçam-se sobre inúmeros dados e testemunhos que foram reunindo, através de questionários, entrevistas e conversas informais com alunos e pais, para caracterizar as dimensões afetivas presentes na participação de jovens alunos (dos 10 aos 14 anos) nos campeonatos de resolução de problemas SUB12 e SUB14. Neste livro, o leitor é convidado a percorrer várias das dimensões afetivas envolvidas na resolução de problemas desafiantes. A compreensão dessas dimensões ajudará a melhorar a relação das crianças e dos adultos com a Matemática e a formular uma imagem da Matemática mais humanizada, desafiante e emotiva.

Brincar e jogar – Enlaces teóricos e metodológicos no campo da Educação Matemática
Autor: *Cristiano Alberto Muniz*

Neste livro, o autor apresenta a complexa relação jogo/ brincadeira e a aprendizagem matemática. Além de discutir as diferentes perspectivas da relação jogo e Educação Matemática, ele favorece uma reflexão do quanto o conceito de Matemática implica a produção da concepção de jogos para a aprendizagem, assim como o delineamento conceitual do jogo nos propicia visualizar novas possibilidades de utilização dos jogos na Educação Matemática. Entrelaçando diferentes perspectivas teóricas e metodológicas sobre o jogo, ele apresenta análises sobre produções matemáticas realizadas por crianças em processo de escolarização em jogos ditos espontâneos, fazendo um contraponto às expectativas do educador em relação às suas potencialidades para a aprendizagem matemática. Ao trazer reflexões teóricas sobre o jogo na Educação Matemática e revelar o jogo efetivo das crianças em processo de produção matemática, a obra tanto apresenta subsídios para o desenvolvimento da investigação científica quanto para a práxis pedagógica por meio do jogo na sala de aula de Matemática.

Descobrindo a Geometria Fractal – Para a sala de aula
Autor: *Ruy Madsen Barbosa*

Neste livro, Ruy Madsen Barbosa apresenta um estudo dos belos fractais voltado para seu uso em sala de aula, buscando a sua introdução na Educação Matemática brasileira, fazendo bastante apelo ao visual artístico, sem prejuízo da precisão e rigor matemático. Para alcançar esse objetivo, o autor incluiu capítulos específicos, como os de criação e de exploração de fractais, de manipulação de material concreto, de relacionamento com o triângulo de Pascal, e particularmente um com recursos computacionais com *softwares* educacionais em uso no Brasil. A inserção de dados e comentários históricos tornam o texto de interessante leitura. Anexo ao livro é fornecido o CD-Nfract, de Francesco Artur Perrotti, para construção dos lindos fractais de Mandelbrot e Julia.

Educação a Distância online
Autores: *Marcelo de Carvalho Borba, Ana Paula dos Santos Malheiros e Rúbia Barcelos Amaral*

Neste livro, os autores apresentam resultados de mais de oito anos de experiência e pesquisas em Educação a Distância online (EaDonline), com exemplos de cursos ministrados para professores de Matemática. Além de cursos, outras práticas pedagógicas, como comunidades virtuais de aprendizagem e o desenvolvimento de projetos de modelagem realizados a distância, são descritas. Ainda que os três autores deste livro sejam da área de Educação Matemática, algumas das discussões nele apresentadas, como formação de professores, o papel docente em EaDonline, além de questões de metodologia de pesquisa qualitativa, podem ser adaptadas a outras áreas do conhecimento. Neste sentido, esta obra se dirige àquele que ainda não está familiarizado com a EaDonline e também àquele que busca refletir de forma mais intensa sobre sua prática nesta modalidade educacional. Cabe destacar que os três autores têm ministrado aulas em ambientes virtuais de aprendizagem.

Outros títulos da coleção

Lógica e linguagem cotidiana – Verdade, coerência, comunicação, argumentação
Autores: *Nílson José Machado e Marisa Ortegoza da Cunha*

Neste livro, os autores buscam ligar as experiências vividas em nosso cotidiano a noções fundamentais tanto para a Lógica como para a Matemática. Através de uma linguagem acessível, o livro possui uma forte base filosófica que sustenta a apresentação sobre Lógica e certamente ajudará a coleção a ir além dos muros do que hoje é denominado Educação Matemática. A bibliografia comentada permitirá que o leitor procure outras obras para aprofundar os temas de seu interesse, e um índice remissivo, no final do livro, permitirá que o leitor ache facilmente explicações sobre vocábulos como contradição, dilema, falácia, proposição e sofisma. Embora este livro seja recomendado a estudantes de cursos de graduação e de especialização, em todas as áreas, ele também se destina a um público mais amplo. Visite também o site: <www.rc.unesp.br/igce/pgem/gpimem.html>.

A matemática nos anos iniciais do ensino fundamental – Tecendo fios do ensinar e do aprender
Autoras: *Adair Mendes Nacarato, Brenda Leme da Silva Mengali e Cármen Lúcia Brancaglion Passos*

Neste livro, as autoras discutem o ensino de Matemática nas séries iniciais do ensino fundamental num movimento entre o aprender e o ensinar. Consideram que essa discussão não pode ser dissociada de uma mais ampla, que diz respeito à formação das professoras polivalentes – aquelas que têm uma formação mais generalista em cursos de nível médio (Habilitação ao Magistério) ou em cursos superiores (Normal Superior e Pedagogia). Nesse sentido, elas analisam como têm sido as reformas curriculares desses cursos e apresentam perspectivas para formadores e pesquisadores no campo da formação docente. O foco central da obra está nas situações matemáticas desenvolvidas em salas de aula dos anos iniciais. A partir dessas situações, as autoras discutem suas concepções sobre o ensino de Matemática a alunos dessa escolaridade, o ambiente de aprendizagem a ser criado em sala de aula, as interações que ocorrem nesse ambiente e a relação dialógica entre alunos-alunos e professora-alunos que possibilita a produção e a negociação de significado.

Análise de erros – O que podemos aprender com as respostas dos alunos
Autora: *Helena Noronha Cury*

Neste livro, Helena Noronha Cury apresenta uma visão geral sobre a análise de erros, fazendo um retrospecto das primeiras pesquisas na área e indicando teóricos que subsidiam investigações sobre erros. A autora defende a ideia de que a análise de erros é uma abordagem de pesquisa e também uma metodologia de ensino, se for empregada em sala de aula com o objetivo de levar os alunos a questionarem suas próprias soluções. O levantamento de trabalhos sobre erros desenvolvidos no país e no exterior, apresentado na obra, poderá ser usado pelos leitores segundo seus interesses de pesquisa ou ensino. A autora apresenta sugestões de uso dos erros em sala de aula, discutindo exemplos já trabalhados por outros investigadores. Nas conclusões, a pesquisadora sugere que discussões sobre os erros dos alunos venham a ser contempladas em disciplinas de cursos de formação de professores, já que podem gerar reflexões sobre o próprio processo de aprendizagem.

Aprendizagem em Geometria na educação básica – A fotografia e a escrita na sala de aula

Autores: *Cleane Aparecida dos Santos e Adair Mendes Nacarato*

Muitas pesquisas têm sido produzidas no campo da Educação Matemática sobre o ensino de Geometria. No entanto, o professor, quando deseja implementar atividades diferenciadas com seus alunos, depara-se com a escassez de materiais publicados. As autoras, diante dessa constatação, constroem, desenvolvem e analisam uma proposta alternativa para explorar os conceitos geométricos, aliando o uso de imagens fotográficas às produções escritas dos alunos. As autoras almejam que o compartilhamento da experiência vivida possa contribuir tanto para o campo da pesquisa quanto para as práticas pedagógicas dos professores que ensinam Matemática nos anos iniciais do ensino fundamental.

Da etnomatemática a arte-design e matrizes cíclicas

Autor: *Paulus Gerdes*

Neste livro, o leitor encontra uma cuidadosa discussão e diversos exemplos de como a Matemática se relaciona com outras atividades humanas. Para o leitor que ainda não conhece o trabalho de Paulus Gerdes, esta publicação sintetiza uma parte considerável da obra desenvolvida pelo autor ao longo dos últimos 30 anos. E para quem já conhece as pesquisas de Paulus, aqui são abordados novos tópicos, em especial as matrizes cíclicas, ideia que supera não só a noção de que a Matemática é independente de contexto e deve ser pensada como o símbolo da pureza, mas também quebra, dentro da própria Matemática, barreiras entre áreas que muitas vezes são vistas de modo estanque em disciplinas da graduação em Matemática ou do ensino médio.

Diálogo e aprendizagem em Educação Matemática

Autores: *Helle Alrø e Ole Skovsmose*

Neste livro, os educadores matemáticos dinamarqueses Helle Alrø e Ole Skovsmose relacionam a qualidade do diálogo em sala de aula com a aprendizagem. Apoiados em ideias de Paulo Freire, Carl Rogers e da Educação Matemática Crítica, esses autores trazem exemplos da sala de aula para substanciar os modelos que propõem acerca das diferentes formas de comunicação na sala de aula. Este livro é mais um passo em direção à internacionalização desta coleção. Este é o terceiro título da coleção no qual autores de destaque do exterior juntam-se aos autores nacionais para debaterem as diversas tendências em Educação Matemática. Skovsmose participa ativamente da comunidade brasileira, ministrando disciplinas, participando de conferências e interagindo com estudantes e docentes do Programa de Pós-Graduação em Educação Matemática da Unesp, em Rio Claro.

Didática da Matemática – Uma análise da influência francesa
Autor: *Luiz Carlos Pais*

Neste livro, Luiz Carlos Pais apresenta aos leitores conceitos fundamentais de uma tendência que ficou conhecida como "Didática Francesa". Educadores matemáticos franceses, na sua maioria, desenvolveram um modo próprio de ver a educação centrada na questão do ensino da Matemática. Vários educadores matemáticos do Brasil adotaram alguma versão dessa tendência ao trabalharem com concepções dos alunos, com formação de professores, entre outros temas. O autor é um dos maiores especialistas no país nessa tendência, e o leitor verá isso ao se familiarizar com conceitos como transposição didática, contrato didático, obstáculos epistemológicos e engenharia didática, dentre outros.

Educação Estatística – Teoria e prática em ambientes de modelagem matemática
Autores: *Celso Ribeiro Campos, Maria Lúcia Lorenzetti Wodewotzki e Otávio Roberto Jacobini*

Este livro traz ao leitor um estudo minucioso sobre a Educação Estatística e oferece elementos fundamentais para o ensino e a aprendizagem em sala de aula dessa disciplina, que vem se difundindo e já integra a grade curricular dos ensinos fundamental e médio. Os autores apresentam aqui o que apontam as pesquisas desse campo, além de fomentarem discussões acerca das teorias e práticas em interface com a modelagem matemática e a educação crítica.

Educação Matemática de Jovens e Adultos – Especificidades, desafios e contribuições
Autora: *Maria da Conceição F. R. Fonseca*

Neste livro, Maria da Conceição F. R. Fonseca apresenta ao leitor uma visão do que é a Educação de Adultos e de que forma essa se entrelaça com a

Educação Matemática. A autora traz para o leitor reflexões atuais feitas por ela e por outros educadores que são referência na área de Educação de Jovens e Adultos no país. Este quinto volume da coleção Tendências em Educação Matemática certamente irá impulsionar a pesquisa e a reflexão sobre o tema, fundamental para a compreensão da questão do ponto de vista social e político.

Etnomatemática – Elo entre as tradições e a modernidade
Autor: *Ubiratan D'Ambrosio*

Neste livro, Ubiratan D'Ambrosio apresenta seus mais recentes pensamentos sobre Etnomatemática, uma tendência da qual é um dos fundadores. Ele propicia ao leitor uma análise do papel da Matemática na cultura ocidental e da noção de que Matemática é apenas uma forma de Etnomatemática. O autor discute como a análise desenvolvida é relevante para a sala de aula. Faz ainda um arrazoado de diversos trabalhos na área já desenvolvidos no país e no exterior.

Etnomatemática em movimento
Autoras: *Gelsa Knijnik, Fernanda Wanderer, Ieda Maria Giongo e Claudia Glavam Duarte*

Integrante da coleção "Tendências em Educação Matemática", este livro traz ao público um minucioso estudo sobre os rumos da Etnomatemática, cuja referência principal é o brasileiro Ubiratan D'Ambrosio. As ideias aqui discutidas tomam como base o desenvolvimento dos estudos etnomatemáticos e a forma como o movimento de continuidades e deslocamentos tem marcado esses trabalhos, centralmente ocupados em questionar a política do conhecimento dominante. As autoras refletem aqui sobre as discussões atuais em torno das pesquisas etnomatemáticas e o percurso tomado sobre essa vertente da Educação Matemática, desde seu surgimento, nos anos 1970, até os dias atuais.

Fases das tecnologias digitais em Educação Matemática – Sala de aula e internet em movimento
Autores: *Marcelo de Carvalho Borba, Ricardo Scucuglia Rodrigues da Silva e George Gadanidis*

Com base em suas experiências enquanto docentes e pesquisadores, associadas a uma análise acerca das principais pesquisas desenvolvidas no Brasil sobre o uso de tecnologias digitais no ensino e aprendizagem de Matemática, os autores apresentam uma perspectiva fundamentada em quatro fases. Inicialmente, os leitores encontram uma descrição sobre cada uma dessas fases, o que inclui a apresentação de visões teóricas e exemplos de atividades matemáticas características em cada momento. Baseados na "perspectiva das quatro fases", os autores discutem questões sobre o atual momento (quarta fase). Especificamente, eles exploram o uso do *software* GeoGebra no estudo do conceito de derivada, a utilização da internet em sala de aula e a noção denominada performance matemática digital, que envolve as artes. Este livro, além de sintetizar de forma retrospectiva e original uma visão sobre o uso de tecnologias em Educação Matemática, resgata e compila de maneira exemplificada questões teóricas e propostas de atividades, apontando assim inquietações importantes sobre o presente e o futuro da sala de aula de Matemática. Portanto, esta obra traz assuntos potencialmente interessantes para professores e pesquisadores que atuam na Educação Matemática.

Filosofia da Educação Matemática

Autores: *Maria Aparecida Viggiani Bicudo e Antonio Vicente Marafioti Garnica*
Neste livro, Maria Bicudo e Antonio Vicente Garnica apresentam ao leitor suas ideias sobre Filosofia da Educação Matemática. Eles propiciam ao leitor a oportunidade de refletir sobre questões relativas à Filosofia da Matemática, à Filosofia da Educação e mostram as novas perguntas que definem essa tendência em Educação Matemática. Neste livro, em vez de ver a Educação Matemática sob a ótica da Psicologia ou da própria Matemática, os autores a veem sob a ótica da Filosofia da Educação Matemática.

Formação matemática do professor – Licenciatura e prática docente escolar
Autores: *Plinio Cavalcante Moreira e Maria Manuela M. S. David*
Neste livro, os autores levantam questões fundamentais para a formação do professor de Matemática. Que Matemática deve o professor de Matemática estudar? A acadêmica ou aquela que é ensinada na escola? A partir de perguntas como essas, os autores questionam essas opções dicotômicas e apontam um terceiro caminho a ser seguido. O livro apresenta diversos exemplos do modo como os conjuntos numéricos são trabalhados na escola e na academia. Finalmente, cabe lembrar que esta publicação inova ao integrar o livro com a internet. No site da editora www.autenticaeditora.com.br, procure por Educação Matemática e pelo título "A formação matemática do professor: licenciatura e prática docente escolar", onde o leitor pode encontrar alguns textos complementares ao livro e apresentar seus comentários, críticas e sugestões, estabelecendo, assim, um diálogo on-line com os autores.

História na Educação Matemática – Propostas e desafios
Autores: *Antonio Miguel e Maria Ângela Miorim*
Neste livro, os autores discutem diversos temas que interessam ao educador matemático. Eles abordam História da Matemática, História da

Educação Matemática e como essas duas regiões de inquérito podem se relacionar com a Educação Matemática. O leitor irá notar que eles também apresentam uma visão sobre o que é História e abordam esse difícil tema de uma forma acessível ao leitor interessado no assunto. Este décimo volume da coleção certamente transformará a visão do leitor sobre o uso de História na Educação Matemática.

Informática e Educação Matemática
Autores: *Marcelo de Carvalho Borba e Miriam Godoy Penteado*
Os autores tratam de maneira inovadora e consciente da presença da informática na sala de aula quando do ensino de Matemática. Sem prender-se a clichês que entusiasmadamente apoiam o uso de computadores para o ensino de Matemática ou criticamente negam qualquer uso desse tipo, os autores citam exemplos práticos, fundamentados em explicações teóricas objetivas, de como se pode relacionar Matemática e informática em sala de aula. Tratam também de questões políticas relacionadas à adoção de computadores e calculadoras gráficas para o ensino de Matemática.

Interdisciplinaridade e aprendizagem da Matemática em sala de aula
Autores: *Vanessa Sena Tomaz e Maria Manuela M. S. David*
Como lidar com a interdisciplinaridade no ensino da Matemática? De que forma o professor pode criar um ambiente favorável que o ajude a perceber o que e como seus alunos aprendem? Essas são algumas das questões elucidadas pelas autoras neste livro, voltado não só para os envolvidos com Educação Matemática como também para os que se interessam por educação em geral. Isso porque um dos benefícios deste trabalho é a compreensão de que a Matemática está sendo chamada a engajar-se na crescente preocupação com a formação integral do aluno como cidadão, o que chama a atenção para a necessidade de tratar o ensino da disciplina levando-se em conta a complexidade do contexto social e a riqueza da visão interdisciplinar na relação entre ensino e aprendizagem, sem deixar de lado os desafios e as dificuldades dessa prática. Para enriquecer a leitura, as autoras apresentam algumas situações ocorridas em sala de aula que mostram diferentes abordagens interdisciplinares dos conteúdos escolares e oferecem elementos para que os professores e os formadores de professores criem formas cada vez mais produtivas de se ensinar e inserir a compreensão matemática na vida do aluno.

Investigações matemáticas na sala de aula
Autores: *João Pedro da Ponte, Joana Brocardo e Hélia Oliveira*
Neste livro, os autores – todos portugueses – analisam como práticas de investigação desenvolvidas por matemáticos podem ser trazidas para a sala de aula. Eles mostram resultados de pesquisas ilustrando as vantagens e dificuldades de se

Outros títulos da coleção

trabalhar com tal perspectiva em Educação Matemática. Geração de conjecturas, reflexão e formalização do conhecimento são aspectos discutidos pelos autores ao analisarem os papéis de alunos e professores em sala de aula quando lidam com problemas em áreas como geometria, estatística e aritmética.

Matemática e Arte
Autor: *Dirceu Zaleski Filho*

Neste livro, Dirceu Zaleski Filho propõe reaproximar a Matemática e a arte no ensino. A partir de um estudo sobre a importância da relação entre essas áreas, o autor elabora aqui uma análise da contemporaneidade e oferece ao leitor uma revisão integrada da História da Matemática e da História da Arte, revelando o quão benéfica sua conciliação pode ser para o ensino. O autor sugere aqui novos caminhos para a Educação Matemática, mostrando como a Segunda Revolução Industrial – a eletroeletrônica, no século XXI – e a arte de Paul Cézanne, Pablo Picasso e, em especial, Piet Mondrian contribuíram para essa reaproximação, e como elas podem ser importantes para o ensino de Matemática em sala de aula. *Matemática e Arte* é um livro imprescindível a todos os professores, alunos de graduação e de pós-graduação e, fundamentalmente, para professores da Educação Matemática.

Modelagem em Educação Matemática
Autores: *João Frederico da Costa de Azevedo Meyer, Ademir Donizeti Caldeira e Ana Paula dos Santos Malheiros*

A partir de pesquisas e da experiência adquirida em sala de aula, os autores deste livro oferecem aos leitores reflexões sobre aspectos da Modelagem e suas relações com a Educação Matemática. Esta obra mostra como essa disciplina pode funcionar como uma estratégia na qual o aluno ocupa lugar central na escolha de seu currículo. Os autores também apresentam aqui a trajetória histórica da Modelagem e provocam discussões sobre suas relações, possibilidades e perspectivas em sala de aula, sobre diversos paradigmas educacionais e sobre a formação de professores. Para eles, a Modelagem deve ser datada, dinâmica, dialógica e diversa. A presente obra oferece um minucioso estudo sobre as bases teóricas e práticas da Modelagem e, sobretudo, a aproxima dos professores e alunos de Matemática.

O uso da calculadora nos anos iniciais do ensino fundamental
Autoras: *Ana Coelho Vieira Selva e Rute Elizabete de Souza Borba*

Neste livro, Ana Selva e Rute Borba abordam o uso da calculadora em sala de aula, desmistificando preconceitos e demonstrando a grande contribuição dessa ferramenta para o processo de aprendizagem da

Matemática. As autoras apresentam pesquisas, analisam propostas de uso da calculadora em livros didáticos e descrevem experiências inovadoras em sala de aula em que a calculadora possibilitou avanços nos conhecimentos matemáticos dos estudantes dos anos iniciais do ensino fundamental. Trazem também diversas sugestões de uso da calculadora na sala de aula que podem contribuir para um novo olhar, por parte dos professores, para o uso dessa ferramenta no cotidiano da escola.

Pesquisa em ensino e sala de aula – Diferentes vozes em uma investigação
Autores: *Marcelo de Carvalho Borba, Helber Rangel Formiga Leite de Almeida e Telma Aparecida de Souza Gracias*

Pesquisa em ensino e sala de aula: diferentes vozes em uma investigação não se trata apenas de uma obra sobre metodologia de pesquisa: neste livro, os autores abordam diversos aspectos da pesquisa em ensino e suas relações com a sala de aula. Motivados por uma pergunta provocadora, eles apontam que as pesquisas em ensino são instigadas pela vivência dos professores em suas salas de aulas, e esse "cotidiano" dispara inquietações acerca de sua atuação, de sua formação, entre outras. Ainda, os autores lançam mão da metáfora das "vozes" para indicar que o pesquisador, seja iniciante ou mesmo experiente, não está sozinho em uma pesquisa, ele "escuta" a literatura e os referenciais teóricos e os entrelaça com a metodologia e os dados produzidos.

Pesquisa Qualitativa em Educação Matemática
Organizadores: *Marcelo de Carvalho Borba e Jussara de Loiola Araújo*

Os autores apresentam, neste livro, algumas das principais tendências no que tem sido denominado "Pesquisa Qualitativa em Educação Matemática". Essa visão de pesquisa está baseada na ideia de que há sempre um aspecto subjetivo no conhecimento produzido. Não há, nessa visão, neutralidade no conhecimento que se constrói. Os quatro capítulos explicam quatro linhas de pesquisa em Educação Matemática, na vertente qualitativa, que são representativas do que de importante vem sendo feito no Brasil. São capítulos que revelam a originalidade de seus autores na criação de novas direções de pesquisa.

Psicologia na Educação Matemática
Autor: *Jorge Tarcísio da Rocha Falcão*

Neste livro, o autor apresenta ao leitor a Psicologia da Educação Matemática, embasando sua visão em duas partes. Na primeira, ele discute temas como psicologia do desenvolvimento e psicologia escolar e da aprendizagem, mostrando como um novo domínio emerge dentro dessas áreas mais tradicionais. Em segundo lugar, são apresentados resultados de pesquisa, fazendo a conexão com a prática daqueles que militam na sala de aula. O autor defende a especificidade deste novo domínio, na medida em que

Outros títulos da coleção

é relevante considerar o objeto da aprendizagem, e sugere que a leitura deste livro seja complementada por outros desta coleção, como *Didática da Matemática: sua influência francesa, Informática e Educação Matemática e Filosofia da Educação Matemática.*

Relações de gênero, Educação Matemática e discurso – Enunciados sobre mulheres, homens e matemática
Autoras: *Maria Celeste Reis Fernandes de Souza e Maria da Conceição F. R. Fonseca*

Neste livro, as autoras nos convidam a refletir sobre o modo como as relações de gênero permeiam as práticas educativas, em particular as que se constituem no âmbito da Educação Matemática. Destacando o caráter discursivo dessas relações, a obra entrelaça os conceitos de *gênero*, *discurso* e *numeramento* para discutir enunciados envolvendo mulheres, homens e Matemática. As autoras elegeram quatro enunciados que circulam recorrentemente em diversas práticas sociais: "Homem é melhor em Matemática (do que mulher)"; "Mulher cuida melhor... mas precisa ser cuidada"; "O que é escrito vale mais" e "Mulher também tem direitos". A análise que elas propõem aqui mostra como os discursos sobre relações de gênero e matemática repercutem e produzem desigualdades, impregnando um amplo espectro de experiências que abrange aspectos afetivos e laborais da vida doméstica, relações de trabalho e modos de produção, produtos e estratégias da mídia, instâncias e preceitos legais e o cotidiano escolar.

Tendências internacionais em formação de professores de Matemática
Organizador: *Marcelo de Carvalho Borba*

Neste livro, alguns dos mais importantes pesquisadores em Educação Matemática, que trabalham em países como África do Sul, Estados Unidos, Israel, Dinamarca e diversas Ilhas do Pacífico, nos trazem resultados dos trabalhos desenvolvidos. Esses resultados e os dilemas apresentados por esses autores de renome internacional são complementados pelos comentários que Marcelo C. Borba faz na apresentação, buscando relacionar as experiências deles com aquelas vividas por nós no Brasil. Borba aproveita também para propor alguns problemas em aberto, que não foram tratados por eles, além de destacar um exemplo de investigação sobre a formação de professores de Matemática que foi desenvolvida no Brasil.

Este livro foi composto com tipografia Minion Pro e impresso em papel Off-White 70 g/m² na Formato Artes Gráficas.